公務員考試叢書 ⑦

U0061933

CRE
中文運用測試
實戰攻略

第二版

EO Classroom 著

非凡出版

作者介紹

EO Classroom

since 2017

　　集合來自不同職系的前公務員，深入了解香港公務員職位應考程序，提供一系列政府職位投考及相關課程。

　　有別於坊間同類書籍作者，EO Classroom 既有豐富從政經歷，又有實際的公務員考試經驗。旗下皇牌產品包括 JRE 應試手冊、EO 面試手冊及相關課程，內容均由離任不久的前公務員撰寫，為讀者帶來最新、最準確的公務員應試及面試取分技巧！

IG：instagram.com/eoclassroom
網站：www.eoclassroom.com
FB：fb.me/eoiiclassroom

前言

綜合招聘考試（Common Recruitment Examination，簡稱 CRE）及《基本法及香港國安法》測試[1]（學位／專業程度職系）（Basic Law and National Security Law Test （degree／professional grades），簡稱 BLNST），是香港政府針對大部分學位或專業程度公務員職位所設的聘請門檻。兩個考試均由公務員事務局主辦，不設報名費。按照以往經驗，一年會開辦兩輪，分別於 6 月份及 10 月份的一個星期六同期進行。

申請參加考試的資格如下：

a. 持有大學學位（不包括副學士學位）；或

b. 於報考時正修讀學士學位課程，並將於未來兩個學年獲取大學學位；或

c. 持有符合申請學位或專業程度公務員職位所需的專業資格。

公務員事務局網頁通常會於考試舉行前約兩個多月，公布申請方法（網上申請或填交實體申請書）和報名截止日期。另外，為方便在香港以外地區升學或居住的考生參加，當局亦會在香港以外的八個城市，包括北京、上海、倫敦、三藩市、紐約、多倫多、溫哥華及悉尼，舉辦 CRE 及 BLNST。惟請留意，於香港以外進行的考試申請和舉行日期均與在港考試有別，建議身處外地的考生不時瀏覽公務員事務局網頁獲取最新消息。

1　有關《基本法及香港國安法》測試的內容和備試心得，請參閱 EO Classroom 撰寫的另一本著作《應考基本法及香港國安法測試攻略》（非凡出版）。

CRE 包含三張各為 45 分鐘的選擇題形式試卷，除了本書主講的中文運用（Use of Chinese），還有英文運用（Use of English）和能力傾向測試[2]（Aptitude Test），作用是評核考生的中、英語文能力和推理能力。中、英文運用試卷的成績分為二級、一級或不及格，其中以二級為最高等級；如果首次投考未能取得二級成績，考生可待下一輪測試舉辦時重新報考，直至考獲最高等的二級成績。而能力傾向測試的成績則只分為及格或不及格（Pass/Fail）。綜合招聘考試的測試成績永久有效，因此考生收到及格的成績通知信後應妥善收藏，以便將來申請其他公務員職位時出示使用。

一般而言，應徵學位或專業程度公務員職位的人士，必須在 CRE 中、英文運用兩張試卷取得二級或一級成績，以符合有關職位的語文能力要求。個別招聘部門／職系會於招聘廣告中列明職位所需的中、英文運用試卷成績。部分學位或專業程度公務員職位更會進一步要求應徵者除具備中、英文運用試卷所需成績之外，亦須在能力傾向測試中考獲及格成績。

以公開試成績豁免 CRE

請留意，CRE 的中、英文應用試卷均容許考生以公開試成績替代。而獲當局認可的公開試，分別為香港中學文憑考試（DSE）、香港高級程度會考（A-Level）、General Certificate of Education

---

2　有關 CRE 能力傾向測試的內容和備試心得，請參閱 EO Classroom 另一本著作《CRE 能力傾向測試實戰攻略》（非凡出版）。

(Advanced Level) (GCEA Level) 及 International English Language Testing System (IELTS)。具體安排詳見下表：

CRE 中文及英文認可的公開試成績

獲接納之公開試成績	等同 CRE 成績	考生安排
DSE 英國語文科第 5 級或以上	英文運用二級	不會被安排應考 CRE 英文運用試卷。
A-Level 英語運用科 C 級或以上		
GCEA Level English Language 科 C 級或以上		
IELTS 學術模式整體分級取得 6.5 或以上，並在同一次考試中各項個別分級取得不低於 6（註）		
DSE 英國語文科第 4 級	英文運用一級	可因應有意投考的公務員職位要求，決定是否需要報考 CRE 英文運用試卷。
A-Level 英語運用科 D 級		
GCEA Level English Language 科 D 級		
DSE 中國語文科第 5 級或以上	中文運用二級	不會被安排應考 CRE 中文運用試卷。
A-Level 中國語文及文化、中國語言文學或中國語文科 C 級或以上		
DSE 中國語文科第 4 級	中文運用一級	可因應有意投考的公務員職位要求，決定是否需要報考 CRE 中文運用試卷。
A-Level 中國語文及文化、中國語言文學或中國語文科 D 級		

註：須在 IELTS 考試成績的兩年有效期內才獲認可。

CRE 的三張試卷可各自獨立報考，成績分開計算，所以考生在不同輪次的 CRE 中取得個別試卷的及格成績，可合併用於投考政府工[3]。除非有關招聘廣告另有訂明，有意投考學位或專業程度公務員職位的人士應先取得所需的 CRE 成績。申請人報考前亦應小心閱讀有關的公務員職位招聘廣告，或在有需要時聯絡招聘部門，了解有關職位所需的入職條件，以決定須報考哪張試卷。

本書是針對 CRE 中文運用這份試卷，為考生度身訂造的全攻略。有意應徵學位或專業程度公務員職位的人士，一般必須在 CRE 中文運用試卷取得二級或一級成績（或擁有獲認可公開試的同等成績），以符合職位的語文能力要求。而有關不同公務員職系及入職職級及所需綜合招聘考試成績，請參閱本書附錄〈公務員職位所需 CRE 成績〉。

附帶一提，政策局／部門偶爾會為晉升職級職位舉辦直接招聘工作，這些職位未必有載列於〈公務員職位所需 CRE 成績〉。申請人應小心閱讀有關的公務員職位招聘廣告，或在有需要時聯絡招聘部門，知悉有關職位所需的入職條件（包括是否需要取得 CRE 及格成績）。

3　例如考生去年在 CRE 取得中文運用及能力傾向測試及格成績，但英文運用不及格；那麼今年只須報考 CRE 的英文運用，若順利及格，便等於永久擁有 CRE 全部三份試卷皆及格的資歷。

CRE 堪稱投考香港政府公務員職位的必備條件，每年只有 6 月及 10 月共兩輪考期，別輕易錯過啊。

目錄 Contents

Chapter 01

CRE 中文運用試卷簡介

香港政府因應學位或專業程度公務員職位所訂定的最基本中文能力要求,是於 CRE 中文運用試卷取得及格(一級或二級)成績。本地考生或許會認為自己從小學習和使用中文,「打天才波」都足以應付這份試卷。惟公務員事務局數據顯示,在 2018 至 2022 這五個年度,CRE 中文運用及格率平均約 76%,即仍有逾兩成考生不及格,若不想成為這兩成人,就請繼續閱讀下去吧。

1.1 試卷形式及題型分類

　　CRE 中文運用是一份多項選擇題（Multiple-choices question）形式的試卷，總共要作答 45 條題目，每一題所佔分數相同，考試時間為 45 分鐘。換言之，最慢也要一分鐘回答一題才能完成整份試卷。

　　在此引用公務員事務局網站上的資訊，先了解一下官方對 CRE 中文運用測試的相關介紹。整張試卷的 45 條題目，主要分為以下四種題型，括號內為所佔題目數量：

a. 閱讀理解
　i. 文章閱讀（8 題）
　　▪ 在這部分，考生須閱讀一篇題材跟日常生活或工作有關的文章，然後回答問題。題目在於測試考生在理解和掌握文章意旨、深層意義、辨別事實與意見、詮釋資料等方面的能力。
　ii. 片段／語段閱讀（6 題）
　　▪ 這部分是測試考生在閱讀個別片段／語段時，能否理解該段文字的含義或引申出來的觀點，找出支持或否定某些觀點的選項，又或選出最能概括該段文字的一句話等。
b. 字詞辨識（8 題）
　　▪ 這部分旨在測試考生對漢字的認識或辨認簡化字（即簡體中文字）的能力。

c. 句子辨析（8 題）
- 這部分旨在評核考生對中文語法的認識，以及辨析句子結構、邏輯、用詞、組織等能力。
- 考生會被要求在題目所附的四個選項中，選出有錯誤地運用語文的句子，如語病、邏輯錯誤。

d. 詞句運用（15 題）
- 這部分旨在測試考生對詞語及句子運用的能力。

CRE 中文運用試卷的作用是評核考生的中文語文能力，題目的重點亦比較側重於基本語法，大幅有別於香港中學程度考試以實用為主。因此，考生在操練 CRE 中文卷時可能會感到不習慣，亦要花更多時間去熟習出題的形式。

以下會講解一些考生在了解中文運用試卷內容並正式操練前，應該率先知道的一些小技巧和大禁忌。

1.2 深入了解中文運用試卷

前一節提及，中文運用測試的試題類型，跟香港學生日常接觸的中文科考試截然不同。前者重視基本語法，後者則以實用為主。

香港考生在讀書時期所應付的中文試，被測試的是閱讀能力、寫作能力，講究懂得理解、分析、感受和鑑賞指定的文言文經典、白話文文章，以及有能力大筆一揮，眨眼間寫幾千字。

然而，**本書講解的 CRE 中文運用試卷，卻以測驗考生的中文基本運用為目標。**簡單用幾個詞彙總結，就是：閱讀、錯字、簡化字、語法、用字。覺得上述這些要求似曾相識，但又好像很陌生？其實大家對這堆東西應該會有印象，不就是大家從小學習英文時很常見的重點──Readability, Spelling, Grammar, Logical flow, Choice of words，以學習英文為例來詮釋 CRE 中文運用試卷的定位，考生應該較能掌握概念。

具體而言，**中文運用測試的本質正正是一個對「中國語文」的入門級考試。**香港考生因為自身母語為中文，從小會讀寫中文，自然可以花較少時間去學習如何應付屬入門級別的中文運用測試。

	側重點	評測重點
讀書時的中文科考試	實用性	● 閱讀能力、寫作能力； ● 要求懂得理解、分析、感受和鑑賞指定的文言文經典、白話文文章； ● 寫作速度要快。
CRE 中文運用試卷	基本語法	● 閱讀能力； ● 辨別錯字和簡化字； ● 中文語法、用字。

1.3 時間分配

45 分鐘內完成 CRE 中文試卷的 45 條題目，簡單算術計，平均一分鐘要準確完成一條題目。

有不少香港本地考生以為中文是自己的母語，因而直覺地認為自己能夠輕鬆地在 45 分鐘內完成試卷，但往往在最後收到不及格或一級的成績時，才驚覺高估了自己的中文能力。

老實說，中文運用測試比起綜合招聘考試中的另一份試卷——能力傾向測試，前者對時間的要求較低（有不少考生在應付能力傾向測試時，根本無法在限時內做得完所有題目）。附帶一提，能力傾向測試在 2018 至 2022 年的五個年度，及格率平均約 71%，比英文運用的及格率（約 72%）還要低一點！

有許多考生在做完中文運用測試後，才明白自己的確太輕敵了。前車可鑑，建議考生在試前認真思考如何分配「作戰」時間——每位考生在語文能力方面都難免會有不同的弱點，有機會遇到要多花時間來處理的題目。若在回答某幾條題目時意外地拖長了思考時間，便會令到答題時間更不夠，所以**考生必須有技巧地安排自己應付試卷中各類題目的次序**。

在能力傾向測試和英文運用試卷中，坊間的相關考試攻略一般都會提議考生先處理自己有信心或強項的部分。筆者亦認同這是正確策略。

可是，在 CRE 中文運用試卷中，筆者會反過來建議考生，應優先回答第二部分的字詞辨識類題目。

優先處理字詞辨識題

字詞辨識共佔八題，目標是測試考生對漢字的認識或辨認簡化字的能力。此類題目往往是要求考生在選項中找出錯別字，或錯誤的簡化字。一眼讀完題目，懂就懂，不懂就要靠猜度。這類型的題目絕不是考生多花時間思考就可以想出個所以然的。

在合理的安排下，考生**應該最多只花四分鐘（或更少時間）完成字詞辨識的八條題目**！

而試卷第一部分、合共佔 14 題的閱讀理解，由於牽涉一篇長文章，不論考生的中文能力程度高低，在回答這部分的題目時都必然會較耗時。自問作答速度比較慢的考生就更要注意，避免在這部分的題目掙扎太長時間，影響作答其他題目的可用時間。

另外，要特別提醒考生的是——**不懂的題目，就用猜的去填吧，千萬不要漏空**。主要原因是大家未必有足夠時間覆卷，返轉頭回來再思考重做的。況且，以字詞辨識題為例，能夠或不能夠辨識出題目中的錯別字，亦不是考生在 45 分鐘後可以突然得到的技能。45 分鐘後，考生不懂的字，仍然是不懂的。

相反，漏空答題格有機會導致自己之後在答題紙上不慎填錯

題，所以千萬要小心。

正常情況下，第二部分的字詞辨識題是由試卷的第 15 題開始，要小心看着答題紙題號來作答啊。

完成第二部分的字詞辨識後，其他三類題目的作答次序，就要視乎考生自身的強項了。仍然是先做有信心的，再做自己認為較難或挑戰性較高的題目。

難題兩分鐘 & 黃金三分鐘

誠如前文所言，每位考生都有各自的強／弱項，或做得最快／最慢的題目類型。如果考生覺得不太了解自己的長處何在，可以先翻到本書第六章試做模擬試卷，一次過完成各項題目再對答案，藉此找出自己做得最快，且正確率最高的題型，再規劃實際應考中文運用測試時的答題順序。

應用上文提到的先後次序，試做第六章的模擬試卷，並計算自己的得分。試做期間，**萬一遇到不太能確定對錯、需要花多些時間思考的題目，耗時兩分鐘是極限。兩分鐘後仍然一籌莫展的，就「靠估」來填一個認為最有機會的答案，再標記這一題吧。**

不要漏空！不要漏空！不要漏空！

時間有限，若最後有剩餘時間可覆卷，再參照剛剛畫下的標

記，重返這題再想、再做。

　　請緊記：「面對難題時，限諗兩分鐘」，真的無法確定哪個答案才對，就隨便填吧。

　　最後，還有另外一個黃金三分鐘。

　　每名考生的答題速度都不相同，若是作答速度比較慢的考生，請在交卷前預留三分鐘的時間——即這場 CRE 中文運作測試的第 42 分鐘，無論腦袋是否還在思考手上那一條題目，都必須即時放棄，**利用這最後三分鐘的時間，將剩餘未填的題目空格全部填上，再確認自己的考生編號是否正確。**

　　好好把握黃金三分鐘，未必要做到全卷 100% 正確，但一定要全卷 100% 完成，這才是選擇題試卷的真諦。

1.4 仔細核對題號

　　若考生曾選讀其他由 EO Classroom 撰寫的公務員考試叢書，可能會留意到筆者總是不厭其煩地提及一些低級大忌，並對此感到疑惑。本書亦一如既往，筆者希望藉這個機會提醒考生一個十分基本的答題技能——核對題號，**每回答一條題目時，都務必要看清楚答題紙上的答題號碼。**

　　中文運用測試是以多項選擇題形式的試卷，考生以鉛筆在選擇題答題紙上塗黑方格作答。考生作答時不需要回答技巧，亦不需要解釋選答 A/B/C/D 的原因，只要在答題紙上相應的題目編號旁邊，以鉛筆塗滿其中一個代表 A/B/C/D 答案的空格即可。

　　然而，Murphy's Law（墨菲定律）告訴我們：If it can go wrong, it will. 考生們都是已讀完或接近完成大學本科學業的人，應該要明白，這個世界上會出錯的地方都會出錯。總會有考生在時間完的一剎那，才發現自己填答案方格時，意外地向前或向後順延了一格，還未計那一些交卷後仍然不知自己「填錯格」的考生呢。可能是因為前面有一兩題較難的題目想先跳過，之後有時間再深思作答。可是，跳過了問題簿上的問題，卻不慎忘記了跳過答題紙上的編號。

　　又或者，只是真的看漏了眼。

　　因此，在黃金三分鐘裏，要盡力杜絕上述這種不必要的低級錯誤。又或者**在答題期間，每題多花兩秒的時間去對一對題目號碼及答題編號，以確定正在填的空格對應正確的試題。**

1.5 考試裝備五寶

考試必備：**鉛筆、橡皮擦、原子筆。**

中文運用測試是採用多項選擇題形式的試卷，考場會提供選擇題答題紙，讓考生以鉛筆填滿答題紙上的空格作答。

由於現今世代，大家日常比較少使用鉛筆，所以筆者不厭其煩地提醒考生，假如你恰巧正在書局「打書釘」閱讀本書，麻煩走幾步到書局中售賣文具的地方，購入鉛筆和橡皮擦這兩項必需品。考生要明白，若在星期六正式測試當日早上，才發現自己沒有相關文具，沿途的文具店未必有開門的。

別以為使用鉛筆作答，就代表不需要準備原子筆。在測試正式開始前，考生需要在答題紙上寫上自己的考生編號，考生在這裏可以選擇使用原子筆填寫，以免鉛筆寫得不清楚或被擦掉。

除了必備用品，因為試場的獨特性，筆者亦建議考生在參加測試前要預備的裝備，包括**沒有智慧功能的普通手錶，以及外套。**

不能佩戴智能手錶

隨着科技進步，愈來愈多人會以手機取代手錶，亦有愈來愈多人購置有智慧功能的手錶（Smart watch）。**在測試期間，考生是**

不可以使用手機，又或佩帶有智慧功能的手錶；此外，很多試場都不會提供時鐘報時。因此，考生若要有效地分配作答時間，一定要自備最普通的手錶，以供計時用途。

另外，中文運用測試在每年的 6 月和 10 月舉行，時值香港漫長的夏天（畢竟近年 11 月也會有颱風襲港），衣着比較清涼亦無可厚非。然而，香港的室外、室內溫差甚大，許多商業場地的室內體感溫度甚低。每年都有不少考生反映，參加綜合招聘考試及《基本法及香港國安法》測試時，試場的氣溫簡直凍到令人不能思考。

若單考一份中文運用測驗，45 分鐘還是可以忍耐過去；但如果考生要應考 CRE 全卷，包括英文運用測試、中文運用測試、能力傾向測試，再加上《基本法及香港國安法》測試，數個小時如身處雪櫃中作戰，顯然不會是甚麼好體驗，更恐怕會影響應試表現，故奉勸大家還是多帶一件外套以備不時之需吧。

Chapter 02

閱讀理解題型解析

閱讀理解，顧名思義就是要求考生基於文字內容回答相關的題目。而在 CRE 中文運用測試中，這部分又會二分為「文章閱讀」及「片段／語段閱讀」兩類試題。前者需要考生閱讀一篇題材跟日常生活或工作有關的文章，然後據此作答；後者則需要考生在閱讀個別片段／語段後，理解其內容，再找出最適切的答案。

2.1 文章閱讀類題目

　　由第二章開始，正式講解 CRE 中文運用測試的不同題型。而筆者亦按照 CRE 試題順序安排，把位於試卷最前，合共佔了 14 條題目的閱讀理解分為兩大部分，逐一細講。

　　以下先談佔了八題的「文章閱讀」。第一步，讓我們看看公務員事務局對這部分試題的官方介紹：

> 在這部分，考生須閱讀一篇題材與日常生活或工作有關的文章，然後回答問題。題目在於測試考生在理解和掌握文章意旨、深層意義、辨別事實與意見、詮釋資料等方面的能力。

　　在該局網頁還展示了 CRE 中文運用試題的參考題目，但唯獨「文章閱讀」未有提供任何參考例子，只提供了上引的一段文字。那麼，就由筆者為大家講解此類別的試題吧。

閱讀費時　宜延後處理

　　一般來說，文章閱讀題所引用的文章，內容有機會是日常生活相關，或與工作有關。自小在香港讀書的考生應該對這類題型毫不陌生，因為這是自小學時期開始訓練的中文試題——閱讀理解。在閱讀文章後，考生便要回答八條根據這篇文章所出的試題。

　　在整份中文運用測試中，考生可能只會對這部分的題目有熟悉

感，畢竟自小應付過無數的閱讀理解題。既然那麼熟習，就應該優先快速處理吧？事實上，筆者卻更**建議考生將這部分的題目放到測試後段再處理。因為本質上這是閱讀理解，必須先閱讀才能理解，而閱讀文章可能已經花費考生不少時間。**

下一節是一篇長度跟真實試題相近的文章，再模擬轉化為 CRE 問題模式。大家不妨試用平常作答閱讀理解題的方式來試做一下，別忘了同步記錄自己所使用的時間。

2.2 模擬練習及分析

1.《射鵰英雄傳》是著名武俠小說作家金庸筆下《射鵰三部曲》的第一部，書中主角郭靖和黃蓉是金庸的眾多小說中最有特色的人物之一。

2. 對於很多《射鵰英雄傳》的讀者來說，郭靖是他們心中的英雄。

3. 郭靖四歲才會說話，從小蠢鈍，但是憑着一腔毅力，練就過人武功，令人大跌眼鏡。馬上彎弓射雙鵰，令人驚奇神往。經歷江湖奇緣，在黃蓉的扶助下，受到「北丐」指點，成為武林絕頂高手，並在華山論劍中與「東邪、北丐」打成平手。然而，這些都不過是他在武功上的修為，他所表現的俠義精神才是更令人敬佩。

4. 中國儒家精神重視仁、義、禮、智，為君子處事的依據。郭靖在《射鵰英雄傳》中表現的俠義亦正是儒家的仁義 —— 當他人有危難，出手相救對於郭靖而言是理所當然的，在必要時更應殺身成仁。

5. 在《射鵰英雄傳》中，背景正值蒙元預備揮軍攻打宋國。為增加勝算，成吉思汗以權力和財富引誘身為漢人的郭靖加入己軍，並利用曾經對郭靖及其母親的十八年照顧之恩動之以情。然而，除了仁、義、禮、智，中國文化更有忠的美德，忠於自己國家是郭靖自小就根深蒂固的意念，在忠和利之間，郭靖輕易作出選擇。郭靖選擇忠於國家，視利誘如無物。在富貴與忠於國家的情操間，他選

擇保家衛國，即使當時的宋國早已腐敗不堪，這成為忠義精神的典範。

6. 在蒙元攻擊中原之時，郭靖以一己之力，力保宋朝不敗，由傻小子搖身一變成為萬民景仰的大俠。在書中，郭靖的固執和笨，與黃蓉的聰明、機巧形成鮮明的對比。

7. 除了黃蓉，另外一個與郭靖之形象 _____ 的就是「西毒」歐陽鋒。如果說郭靖是君子，歐陽鋒就是小人。歐陽鋒是一個武功超凡的大奸角，他的邪佞，在郭靖的反襯之下更明顯。但，又有多少人留意到他的非凡智慧，和為達成目標不擇手段的堅持？

8. 很多讀者認為歐陽鋒十惡不赦，但歸根究柢他不過是為了目標 —— 名利、權力、江湖的榮耀……而奮鬥的一個男人。中國人重情，歐陽鋒為名捨情，不認自己的兒子歐陽克，違背良心，無惡不作，很多人或許會責怪他。但換個角度看，他捨棄了家人以換取名利，代表他對目標的渴望。不顧一切的鬥志不正正是成功的要素嗎？可能歐陽鋒的所作所為的確過火，但亦只因書中的正面角色如郭靖、洪七公等諸人與之造成的強烈對比，更為突出歐陽鋒的奸佞。

9. 撇開歐陽鋒的心狠手辣不說，他的鬥志是值得學習的。在今日的社會，每個人都有自己的目標，但，又有誰能夠像歐陽鋒一樣努力不懈，屢敗屢戰，最後因為練了假九陰真經而變得瘋癲，卻仍然目標清晰，不受困惑。

10. 對比於歐陽鋒，郭靖是俠之大者。然而，郭靖終歸只是一

個虛構的完美角色。他是一個大俠，以武力保護天下，對父母孝順，對國家忠義，對愛情忠貞，對朋友勇義，是烏托邦式的人物。假若他生於今日香港，又有誰敢保證他不被這個資本主義的社會、追求物質的現實所改變？他的正義終會被現實所磨滅。

11. 看到最後，發現一切最美好的不是郭靖，而是虛構。因為一切都是虛構的，才會有完美的人性。如果有機會，真想向當時下筆的金庸提問，他是否將自己心中最理想的性格投射在主角身上？假如答案是否定，那麼最令人心寒的就不再是歐陽鋒，而是金庸。因為他太了解讀者的心理，他了解人性的對完美的訴求，將之放入了郭靖這個角色。他是厲害的小說家，亦是洞悉人心的心理家。

1. 以下哪一項最適合填入文中第 7 段的畫線處？

A. 對立
B. 對比
C. 不同
D. 相輔相成

答案	A. 對立

A 選項的「對立」是此題最合適的答案。

在 CRE 中文運用測試中,其他部分的題目答案都只有正確或錯誤(Correct/Wrong)之別,唯獨在第一部分的閱讀理解和片段 / 語段閱讀中,有機會出現「最合適的答案」(The best answer),即指選項中有多於一個正確的答案,但考生要透過分析原文文意、寫作風格、前文後理等,去推斷哪一個正確答案才是更合適。

在本題的四個選項中,切合文意的答案有兩個:A 選項的「對立」和 C 選項的「不同」。郭靖和歐陽鋒的形象「對立」,可見於引文同段的「郭靖是君子,歐陽鋒就是小人」,既然是兩種截然相反的形象、性格,若形容二人形象「不同」,雖然亦不算是錯誤的說法,但就不及「對立」可帶出截然相反之意。

答案分析

考生要在兩個正確答案中選取一個最合適的用詞,就要更仔細地了解前文後理——

- 單看第 7 段,考生知道作者繼將郭靖與黃蓉相比後,再拿郭靖與歐陽鋒比對,所以考生在回答這條題目時應一併考慮前文第 6 段的內容:「郭靖的固執和笨,與黃蓉的聰明、機巧形成鮮明的對比」,是想比較兩個對立的角色、兩種對立的性格,而非單單說明兩人不同。

- 而後理的「君子」和「小人」,更是自古就被視作對立的代表,甚少用於單純的比較。要刻劃這種對立的態度,A 的「對立」自然是更合適的答案。

至於 B 選項的「對比」不是正確答案,原因在於其意思雖然合適,但詞性不合。D 選項的「相輔相成」則完全是文意不通了。

2. 從文中看出，中國儒家精神重視以下哪些情操？

A. 仁義、忠義
B. 仁、義
C. 仁、義、禮、智
D. 仁、義、禮、智、忠

答案	**C.** 仁、義、禮、智
答案分析	這是一條送分題，因為文章的第 4 段已經很直白地說明了：「中國儒家精神重視仁、義、禮、智」，考生只要順着關鍵字讀到這句應該就能正確回答。 這題暗藏一個小陷阱，就是選項 D，較正確答案多了個「忠」的情操。文章的第 5 段提到：「除了仁、義、禮、智，**中國文化更有忠的美德**，忠於自己國家是郭靖自小就根深蒂固的意念」，可能有考生會因為上引這句話而錯誤選了 D。但請留意，這句話中已不再單單局限於儒家精神，而是涉及更廣義的「中國文化美德」，所以不是正確答案。

3. 從文中看出，以下哪一項對《射鵰英雄傳》的描述是正確？

A. 《射鵰英雄傳》是金庸筆下最有特色的小說。
B. 《射鵰英雄傳》中的郭靖是讀者最喜歡的角色。
C. 《射鵰英雄傳》刻意描寫俠義和奸佞的對立。
D. 《射鵰英雄傳》成功描繪出不同性格鮮明的角色。

答案	D. 《射鵰英雄傳》成功描繪出不同性格鮮明的角色。
答案分析	選項 A 和 B 都並非文章中所提及對《射鵰英雄傳》的描述資訊，故它們都不是正確答案。 就 C 選項而言，文中的確有提到郭靖的君子、俠義，跟歐陽鋒的小人、邪佞之對立，但是否金庸刻意為之，文章完全沒有述及，故考生無從判斷。 只有 D 選項的內容能夠從文章中取得佐證。譬如第 6 段寫道：「郭靖的固執和笨，與黃蓉的聰明、機巧形成鮮明的對比。」而除了主角外，在第 8 段還提到：「但亦只因書中的正面角色如郭靖、洪七公等諸人與之造成的強烈對比，更為突出歐陽鋒的奸佞。」兩句話提到四個角色的鮮明性格，符合 D 選項中「成功描繪出不同性格鮮明的角色」此一陳述。

4. 綜合全文，作者對郭靖持以下哪一項看法？

A.　郭靖的成功全賴黃蓉的一路相助。

B.　郭靖從小蠢笨，全靠一腔毅力才能成功。

C.　郭靖是虛構的角色。

D.　郭靖的完美性格只在烏托邦存在，而非現實世界。

答案	D. 郭靖的完美性格只在烏托邦存在，而非現實世界。

會回答 A 或 B 選項的考生，應該都是嘗試把文章囫圇吞棗地快快讀完，只速看文字而缺乏認真思考；卻又因為測試時間所限，看完首幾段就草草放棄，才會誤選 A 或 B 為答案。

文中第 3 段前半部分的確寫道：「郭靖四歲才會說話，**從小蠢鈍，但是憑着一腔毅力，練就過人武功**，令人大跌眼鏡。馬上彎弓射雙鵰，令人驚奇神往。經歷江湖奇緣，在**黃蓉的扶助下**，受到『北丐』指點，**成為武林絕頂高手**，並在華山論劍中與『東邪、北丐』打成平手。」考生讀到這裏，驟眼找到字眼似乎吻合的 A 或 B 選項，結果便失分了。

其實，只要繼續閱讀這一段的結尾部分，便筆鋒一轉：「然而，這些（即上述兩點）都不過是他在武功上的修為，他所表現的俠義精神才是更令人敬佩。」顯而易見，作者不認為第 3 段所寫的已經等於「成功」，所以郭靖得黃蓉相助和一腔毅力，都只是修練武功方面的助力，而非成功的原因。

答案分析

文章第 10 段亦有作者對郭靖的評價——「以武力保護天下，對父母孝順，對國家忠義，對愛情忠貞，對朋友勇義」，可見在作者心中，郭靖的成功不單單是第 3 段中提到的武功修為，A 和 B 選項的描述亦不是作者綜合全文所表達的意思。

而 C 選項所述的「郭靖是虛構的角色」，看似正確，因為這既是事實，亦是作者在文章中所寫的（第 10 段：「郭靖終歸只是一個虛構的完美角色」）。但為甚麼不是正確答案呢？第一，這既然是事實，便不算是問題中所言的「作者所持看法」；第二，這句話只是作者直白的描寫，用作補充說明角色的句子，而非**綜合全文**所表達的看法。

D 選項才是正確答案——全文描寫郭靖各方面的好，到第 10 段卻突然表示，這些好都只能在書中出現：「**郭靖終歸只是一個虛構的完美角色**。他是一個大俠，以武力保護天下，對父母孝順，對國家忠義，對愛情忠貞，對朋友勇義，**是烏托邦式的人物**。假若他生於今日香港，又有誰敢保證他不被這個資本主義的社會、追求物質的現實所改變？**他的正義終會被現實所磨滅**。」作者認為郭靖的性格會被現實生活磨滅而變得不完美，所以郭靖的完美性格只存在於烏托邦，而非現實世界。

5. 作者想藉第 7 段說明以下哪一項？

A. 郭靖與歐陽鋒二人是正邪不兩立。
B. 黃蓉與歐陽鋒是同一類人。
C. 歐陽鋒的角色值得讀者多方面思考。
D. 歐陽鋒是《射鵰英雄傳》中的大奸角。

答案	**C.**
	歐陽鋒的角色值得讀者多方面思考。
答案分析	A 和 D 選項未必算是錯誤的資訊，但綜觀全文，作者對歐陽鋒的看法都不是一面倒地負評，所以 A 和 D 選項不會是作者想說明的意思，更不是第 7 段的核心訊息。
	至於 B 選項，相信曾閱讀《射鵰英雄傳》的考生應該都會直接忽略。但作者在文中的寫法很有趣：「除了黃蓉，另外一個與郭靖之形象 _____ 的就是『西毒』歐陽鋒。」已知第一題的答案是「對立」，單看字面意思，歐陽鋒是另一個和黃蓉一樣，形象與郭靖對立的人。假如敵人的敵人就是朋友，如此勉強推論，黃蓉與歐陽鋒是同一類人，好像合理。然而，考生請留意，文章雖然不時提及黃蓉，卻沒有認真分析黃蓉的性格，或寫她的所作所為，文章沒有任何一段把重點放在黃蓉上，更遑論第 7 至 9 段這三段文字的重心都是歐陽鋒，顯然 B 選項不會是作者特意透過第 7 段想說明的內容。
	而第 7 段最後的問句：「但，又有多少人留意到他的非凡智慧，和為達成目標不擇手段的堅持？」作者以「非凡智慧」和「堅持」兩個含褒義的正面詞語來反問讀者，正正想表達歐陽鋒除了大家一直認為的小人性格，其實亦有正面的地方，值得讀者作出多方面的了解和思考。因此，C 選項才是這一題的正確答案。

6. 以下哪項有關作者對歐陽鋒的描述是**不正確**的？

A. 很多讀者認為歐陽鋒是壞人。
B. 歐陽鋒謀害自己的兒子。
C. 歐陽鋒有值得大家學習的地方。
D. 歐陽鋒的結局是不好的。

答案	**B.** 歐陽鋒謀害自己的兒子。
答案分析	文章第 7 至 9 段主要描寫歐陽鋒這個角色，半褒半貶，考生要順着作者所寫的內容和看法去選答。這條題目的難度大概在於──假如考生本身有讀過《射鵰英雄傳》而對角色抱持既定立場，可能會直接選擇 C 為答案，認為歐陽鋒有值得大家學習的地方是**不正確**的，卻非作者原意。 在應付 CRE 中文運用測試的閱讀理解時，有考生會以為，若遇上的文章涉及自己熟悉的內容，讀起上來沒有那麼吃力，卻又會衍生另一個問題──考生有既定立場或基礎知識，無意間把自己腦海中的認知錯誤地放入了文章內容，令自己無法正確根據文章的內容作答。 考生要留意，閱讀理解中的答案必然是根據文章內容，而非考生個人知識所得知。**即使考生在讀文章時看到與自己認知事實不符的內容，在作答時亦應以文章為判斷依歸。** 簡單一點，可嘗試利用答案選項的字眼，逆向搜尋文中的關鍵字作出判斷： A. 很多讀者認為歐陽鋒是壞人。 第 8 段：「很多讀者認為歐陽鋒**十惡不赦**」。十惡不赦是壞人無疑了，描述正確。 B. 歐陽鋒謀害自己的兒子。 第 8 段：「歐陽鋒為名捨情，**不認自己的兒子**歐陽克」。不相認與謀害完全是兩回事，描述不正確。 C. 歐陽鋒有值得大家學習的地方。 第 9 段：「撇開歐陽鋒的心狠手辣不說，**他的鬥志是值得學習的**」。值得學習的地方就是他的鬥志，描述正確。 D. 歐陽鋒的結局是不好的。 第 9 段：「**最後**因為練了假九陰真經而**變得瘋癲**」。沒有人會自願變得瘋癲，這當然是不好的結局，描述正確。

7. 以下哪項**不是**本文曾提及的郭靖的優點？

A. 忠於國家
B. 待人有禮
C. 孝順父母
D. 有仁有義

答案	**B.** 待人有禮
答案分析	這裏再次使用上一題所示範，從選項字眼反向搜尋文本關鍵字的作答技巧。 第 4 段：「郭靖在《射鵰英雄傳》中**表現的俠義亦正是儒家的仁義**」；第 5 段：「郭靖**選擇忠於國家**，視利誘如無物」；第 10 段：「他是一個大俠，以武力保護天下，**對父母孝順，對國家忠義**，對愛情忠貞，對朋友勇義，是烏托邦式的人物。」 由於全文完全沒有提及郭靖是否有禮，因此答案是 B。

8. 金庸的職業是以下哪一項？

A. 讀者
B. 小說家
C. 心理家
D. 小說家、心理家

答案	**B.** 小說家

答案分析	這題對於本地考生而言簡直毫無難度，是送分題，稍有常識都知道金庸是小說家了。但其實這種想法是大忌，請記着，文章閱讀題一切判斷都要以題目文本的資訊為依歸，而非考生的個人認知或常識，假如文本中寫金庸是心理家，那麼 B 選項就是錯。 言歸正傳，這一題的 A 和 C 選項絕對不是正確答案。因為文本首句就寫明「著名武俠小說作家金庸」，所以小說家必然正確。以下分析為甚麼答案是 B 而非 D，畢竟在文章最後一段，作者這樣描寫金庸：「他了解人性的對完美的訴求，將之放入了郭靖這個角色。他是厲害的小說家，亦是洞悉人心的心理家。」 此題的重點在於考生能否理解作者的文字背後的深層意義，而非單純的字面意思。 在不會讀完整篇文章的情況下（畢竟考試時間有限），考生通常會先看考題，跟着才再翻閱文章找出對應的關鍵字，這一題問及**職業**，而文章末段言明：「他是厲害的**小說家**，亦是洞悉人心的**心理家**。」因過於心急而不加思索的考生或會錯誤選答 D。 可是，考生只要稍稍看一看前文，就會見到作者寫道：「因為他太了解讀者的心理。他了解人性的對完美的訴求，將之放入了郭靖這個角色。」由此明白作者是讚嘆金庸了解讀者期望和人性的能力媲美一個心理家，而非表示金庸實際上是一個心理家。 因此，選項 D 是錯誤答案。

2.3 片段 / 語段閱讀類題目

這一節談閱讀理解的第二部分，共佔六題的「片段 / 語段閱讀」。我們又看一看公務員事務局對此類試題的介紹：

> 這部分是測試考生在閱讀個別片段 / 語段時能否理解該段文字的含義或引申出來的觀點，找出支持或否定某些觀點的選項，或選出最能概括該段文字的一句話等。

在大多數情況下，片段 / 語段閱讀題目中出現的文本內容字數，會比上一部分的文章閱讀為少；而片段 / 語段閱讀的題目內容則通常會涉及含義，不如文章閱讀題目般直白，對考生的理解及推論能力也有較高要求。因此，即使這部分試題的文字內客相對較少，考生也需要花時間去理解含意及作出推論，完成一條片段 / 語段閱讀題目的耗時未必少於文章閱讀題目的時間。以下借用公務員事務局網站上的例題來作實際示範：

官方例題

> 虛心接受別人的意見，能糾正不必要的錯誤。然而，真正能虛心受教的人卻少之又少。說到底，人就是怕被人指出錯處，當眾出醜；又或心底裏不願承認其他人比自己強、比自己看得透。到最後，人會因不願受教，終於越走越歪，並要承受自己種下的惡果。
>
> 對這段話，理解**不準確**的是：
>
> A. 要糾正錯誤必須接受他人的意見。
> B. 不願受教的人怕被人指出錯處，當眾出醜。
> C. 其他人一定比自己強、比自己看得透。
> D. 不願接受意見的人最終會自食其果。
>
> 答案：C

文章閱讀與片段／語段閱讀最明顯的分別在於，前者要閱讀一篇長文章後去回答八條問題，後者則是閱讀一篇短文章後回答一條問題。此外，片段／語段閱讀的題目偏向詢問關於文字的重點或主旨，考生毋須逐字細讀了解，只需要明白文字含意即可；而文章閱讀的題目包括文章細節、資料或數據的表達，考生須依題目要求認真理解某些特定的句語、文字。

最後，片段／語段閱讀的另一目標是了解考生是否能理解和掌握文章意旨、明白所含的深層意義、辨別事實與意見，以至詮釋資料等方面的能力。考生在學校十多年的訓練定必比本書所教的精要，本書旨在提供模擬題目和詳盡的分析，讓考生了解出題理念，以及供那些已離開學校好一段時間的考生可試做題目，找回對這類型試題的熟悉感。

接着進入模擬題目部分，同樣希望大家在試做時，記錄自己所使用的時間，以便之後看看有甚麼地方可以加快處理速度。

2.4 模擬練習及分析

地震是指地面突然及急速的震動。地球上大部分地震都是沿着板塊邊界的位置形成。地殼下的軟流圈內下沉的岩漿流產生相向的流動及擠壓力，會拉動在上方的板塊，地殼岩石的摩擦力會減慢或阻止板塊的移動。當壓力逐漸在板塊邊界中的岩石積聚起來，並超越岩石所能承受的限度時，地殼內的岩石便會突然移動、斷裂並釋出地震波，令地面突然震動，形成地震。

1. 這段文字意在說明：

A. 地震是因為岩漿流導致板塊上的岩石移動而形成。
B. 地震是地球自行運作而形成的自然災害。
C. 地震會出現在板塊邊界的位置。
D. 很少地震會於遠離板塊邊界的地區出現。

答案	A. 地震是因為岩漿流導致板塊上的岩石移動而形成。
答案分析	考生最怕在閱讀理解中遇到自己不熟悉的內容，尤其是一些關乎專門學科的內容 —— 每一個字看起來都很簡單易明，但當這些字組合在一起，就變成難以理解的深奧內容。就像這一條關於地震學的考題。 其實，反過來看，這條題目的難度不高。 首先，四個選項所陳述的都是事實上正確（Factully correct），所以關鍵在於找出文本中的重點 —— 亦即這一段文字想說明的內容 —— 地震如何形成。 考生只要為四個選項的陳述句，作出去蕪存菁的總結，再看看能否配對以上的重點，即可找出答案：

答案分析

A. 地震是因為岩漿流導致板塊上的岩石移動而形成 → 地震的形成

B. 地震是地球自行運作而形成的自然災害 → 地震是自然災害

C. 地震會出現在板塊邊界的位置 → 地震出現位置

D. 很少地震會於遠離板塊邊界的地區出現 → 地震出現位置

一眼揭答案，就是 A 選項無誤。

面對看起來複雜又深奧的文本段落，考生可以先把目光放到答案選項，看看有沒有能力將其分類，再將分類的結果配對段落文意，答案往往就會跑出來了。

市面上品牌眾多，網上商店更是多不勝數，要在云云競爭對手中突圍而出，令客戶記得，簡單直接的商標設計反而更好。「簡約系列」的商標設計以簡潔俐落為主軸，有助客戶辨認，不需要花時間去分析，看一眼就輕易記住。日子有功，品牌成功建立自己的個性後，更可以此商標成就更多經典。

2. 這段文字意在說明：

A. 品牌一定有要自己的商標。

B. 品牌要靠時間累積客戶。

C. 簡約的商標令人容易記住。

D. 簡約的商標會成為經典。

答案

C.

簡約的商標令人容易記住。

[接上表]

答案分析	這是比較淺白的文本段落，考生應該要一眼便看出文本想說明的重點是「簡約的商標」，而不是「品牌如何經營」，所以 A 和 B 選項已經可以第一時間被排除掉。 而 C 選項的確呼應本中所提及簡約商標的好處。至於這是否這段文字意在說明的重點，在未細讀文本的情況下，暫且不討論。 再分析 D 選項，段落的確有提過「經典」這個關鍵字，但原句是「品牌成功建立自己的個性後，更可以此商標成就更多經典。」說的是品牌藉商標的形象成就經典，既可以是經典的產品，亦可以是經典的品牌，作者沒有言明，但不一定是經典的商標。因此，在無法得知「簡約的商標會成為經典」是否真確的情況下，不可能是這段文字意在說明的重點。 當 D 都不是答案時，正確答案就只能是 C 了。 在有限的測試時間中，假如考生能有信心地運用排除法完成一題後，就不必再多花時間去細閱文本內容了，趕快做下一題吧。

　　情歌是以歌記情，表達的可以是親情、愛情、友情。情歌就像中藥，當聽歌的人失去了情，不開心的時候聽情歌，會哭得更傷心。但苦口良藥，聽完一個療程的時間，慢慢地，再聽情歌，會由第一日的痛徹心扉變到最後的沒有感覺。

3. 以下哪一項是作者想透過文字表達的：

A.　情歌所記載的不局限於愛情。
B.　情歌對於作者而言是中藥。
C.　情歌可以陪伴傷心的人度過不開心的時間。
D.　聽情歌是一個療程。

答案	**C.** 情歌可以陪伴傷心的人度過不開心的時間。
答案分析	這一題的文本是篇幅短且內容淺白，考生即使在應試緊張之際，亦應該可以快速讀完文本內容後選取正確答案。 用一句說話總結這段文字 —— 作者把聽情歌比喻為飲中藥，意指傷心的人聽完情歌會慢慢療癒。 考生只要將四個選項對照以上的重點，即可知道答案： A 選項是文本首句的內容，並非文章重點； B 和 D 選項只是作者運用修辭手法，以中藥和療程借喻聽情歌，並非代表情歌對於作者而言是中藥。 結果只餘 C 選項是正確答案。

中國四大發明是指造紙術、指南針、火藥及印刷術。造紙術相傳是由東漢時代的宦官蔡倫所發明；指南針前身為中國古代的司南，用於指示方向；火藥則為軍事用途的炸藥，據載起源於唐朝甚至更早；活字印刷技術據傳最早出現於北宋時期，為膠泥活字印刷術。

4. 對這段話，理解**不準確**的是：

A. 造紙術是由宦官發明的。

B. 中國以前用司南作指示方向用途。

C. 火藥最早應用於炸藥。

D. 膠泥活字印刷術是最早出現的一種印刷術。

答案	C. 火藥最早應用於炸藥。
答案分析	四個選項都只是重新用不同的文字來演繹文本內容，唯一不是準確複寫的就只有 C 選項。 對應原文中的「火藥則為軍事用途的炸藥，據載起源於唐朝甚至更早」，前句舉例說炸藥，只是表示火藥在古代的應用方式，令讀者更易理解火藥是甚麼；後句則描寫其最早出現於唐朝或更早的時間。這兩句之間並無因果或連接關係，僅分別描述火藥，故考生不能將之理解為 C 選項的說法。

　　酒精，又叫火酒，學名為乙醇，性質易燃，是酒的主要成分。一個人飲酒後，人體的肝臟只能有限度地清除身體內的酒精，短時間內飲用過量會導致嘔吐和噁心，長期吸入酒精更可能會導致嚴重的肝損害。酒精留在人的體內，會被肝臟代謝為一種致癌物質——乙醛。乙醛是一級致癌物。

5. 這段文字帶出的訊息：

A. 人飲酒後會嘔吐。
B. 酒精是酒的主要成分。
C. 酒精可用作消毒。
D. 飲酒會導致癌症。

答案	D. 飲酒會導致癌症。

A 選項指人飲酒後會嘔吐，依據文本，其前提是「短時間內飲用過量」。而選項中的描述缺乏這個前提，所以不是答案。

雖然 B 選項是文中有提及的內容，但只是其中一項對酒精的介紹，不是段落重點，亦非這段文字想帶出的訊息。假如題目問的是「以下哪一項是正確」，B 選項會是答案。但對應這條題目，「酒精是酒的主要成分」並不是文字帶出的訊息。

而 C 選項是常識，但文本中完全沒有提及，所以不會是答案。

答案分析

結果只有 D 選項是答案。有考生可能會問，全文沒有任何一句直接寫飲酒會導致癌症。但綜觀文本內容重點是飲酒對健康的負面影響，而讀者可以就段落的內容有效地推論出以下的因果關係：

酒精留在人體

代謝為致癌物質

導致癌症

因此，「飲酒會導致癌症」是這段文字帶出的訊息。

在這條模擬題目中的 C 選項，是想讓考生明白，在作答閱讀理解的題目時，不要受個人知識或常識所影響。

Chapter 03

字詞辨識題型解析

　　字詞辨識題的作用，是評測考生對漢字的認識或辨認簡化字的能力。常見的考核內容包括找出錯別字、同音異字，以及對繁簡字互通的認知等。誠如筆者在第一章所建議，考生應優先處理字詞辨識題，目標是花不超過四分鐘來解決這部分的八條題目。

3.1 以 30 秒答一題為目標

　　字詞辨識共有八條題目，若我們的目標是在四分鐘內解決的話，即每題只能夠花少於 30 秒。由於這類題目不涉及長篇閱讀，通常只是要求在數個短句中找出有問題的一句，或選出有問題的字詞，故不需要花長時間閱讀題目及文本，一般用十餘秒就足夠找出答案（如錯別字、正確的繁簡字）。

　　簡言之，這部分的試題屬於考生看一眼，知道答案就知道，若不懂則就算花更多時間思考也未必能弄懂的問題。因此，**過關要點是以快打慢，盡速處理懂得的題目，不懂的，先用猜的來填答案**，但留個記號以資識別，之後如有時間覆卷，才再返回此題作出進一步深思吧。

　　由於這部分考題基本上無甚特別技巧可言，所以筆者將直接從模擬練習題着手，讓大家透過試做模擬題和閱讀筆者的講解，讓大家熟習和掌握字詞辨識類題目的過關要點。

3.2 考題內容直白 注意關鍵字眼

字詞辨識題目的內容一般都十分直白，以下引用兩條在公務員事務局網站上刊登的例題作出講解：

官方例題

1. 選出沒有錯別字的句子。

A.　　我們決定在辦公室相討有關改善工作環境的問題。
B.　　老師的教晦，我永不會忘記。
C.　　他心胸狹隘，性格孤僻，很難交到知心的朋友。
D.　　這班兇神惡煞的大漢來勢凶凶，我們要加倍小心。

2. 請選出下面簡化字錯誤對應繁體字的選項。

A.　　术→術
B.　　仆→赴
C.　　丰→豐
D.　　儿→兒

第一條例題是測試考生對漢字的認識，答案是 C（只有 C 選項的句子內沒有任何錯別字）；而第二條則測試考生辨認簡化字的能力，答案是 B（簡化字「仆」所對應的繁體字為「僕」）。

順帶一提，一如既往，考題上通常會以加底線的形式強調關鍵字眼，以提示考生應該依據甚麼條件來選擇答案，譬如這兩題中的「**沒有**錯別字」和「**錯誤**對應」。如果不小心忽略了這些關鍵字眼，在回答第一條例題時就有可能發生失誤。例如在試題中看到 A 選項的句子出現錯別字（「相討」為錯字，應為「商討」），就不再細看

其餘三句，而是趕急起來在答題紙上填滿 A 的空格，結果便無辜失分了。

以上兩條題目是基本題目，本書第一章的介紹也有提過，字詞辨識的試題類型屬於一眼讀完題目，就知道自己會不會。考生可以透過以上的題目大概評估自己對於字詞的辨識能力。

對漢字的認識

以上列第一條題目為例，題目所提供的四個選項中，只有 C 選項的句子中沒有任何錯別字，但考生又能否指出餘下 A、B、D 選項中的錯別字，以及相應的正確字詞呢？

A. 我們決定在辦公室**相**討有關改善工作環境的問題。
   相討 應為 **商**討
B. 老師的教**晦**，我永不會忘記。
   教**晦** 應為 教**誨**
D. 這班兇神惡煞的大漢來勢凶凶，我們要加倍小心。
   來勢**凶凶** 應為 來勢**洶洶**

在真正的中文運用測試中，考生只需要填滿答題紙的空格，而不需要指出錯別字和示範相應的正字，但考生可以從以上題目的錯別字中，找出這類試題的規律嗎？

這條題目出現的三個錯別字，都是屬於同類的同音字，是不少香港人執筆之際頗常見會犯的錯誤，但算是一般讀者比較容易辨別出來的。

除了**同音錯字**，字詞辨識的題目中出現的錯字還會有**無中生有的字**、**形近字**，以及**形音俱似**的錯別字。這四類錯誤中，以形音俱似的錯別字最難分辨。

i. 無中生有

錯別字是錯字和別字的總稱。錯字，是指筆畫字形結構錯誤，不被中國語文系統所承認和運用的文字，就是這裏提到的無中生有的字。

特別值得一提的是，有一種錯別字是大眾會誤認為別字，但在中文體制內其實屬於錯字，主要涉及一些外語所用到的漢字。例如日常在媒體中常見的「絵」字，其實是日語漢字，而非正統的中文字。但由於中文字有一個字形相近的「繪」（其簡化字為「绘」，分別在於左側糸部下方是三點還是一條橫線），容易令大眾誤以為「絵」是正字，事實上卻是一個無中生有的錯字。相似的例子有很多，考生在測試中要打醒十二分精神。

而別字則是指字本身的書寫正確，是本來即有的文字，但在字與字的搭配中運用有誤，張冠李戴，錯把甲字當乙字使用，使其不能構成有意義的詞語。筆者接着會提到另外三類錯別字。

ii. 同音異字

粵語同音字甚多。所謂同音異字,若是一個單字獨立地存在,不易被錯認或錯讀。但當組成某特定詞語時,或因配字相同,或因意思相似,就會變成難以辨認的錯別字。

例子一:示、事

「示」和「事」兩個是完全不同含義的單字,一般不容易錯認,但當組成了詞語——「啟示」和「啟事」,就會變成難以辨別、容易混淆的詞語。

「啟示」中的「啟」是代表啟發,「示」指「指示」、「指點」的意思,兩者組成「啟示」就是有啟發性的指示。

「啟事」中的「啟」則代表「說」的意思,「事」是代表事情,兩者組成的「啟事」,就是「公開說明某件事情的文字」的意思。通知、公告、聲明多用「XX 啟事」作標題,如「尋人啟事」。

「啟示」和「啟事」正正是一組常被錯認的字詞。

例子二:恥、齒

「恥」和「齒」讀音相同,兩個單字不論在詞性或含義上都大不同,比以上的例子更難錯認,但當組成一組詞語卻有機會惹人混淆——「不恥」和「不齒」。

「不恥」是指不以為羞恥，常見會應用在「不恥下問」，形容虛心好學，是一個正面用詞。

「不齒」表示鄙視。假如有人把「不恥下問」錯誤地寫成「不齒下問」，便會將褒義的用字變成貶義，指不屑向人請教。

漢字成語和詞語很多，有些組詞的其中一字被換上另一個同音異字後，意思亦解得通，如上述的「不恥下問」和「不齒下問」，獨立地存在倒也不算是大錯──做人的確可以「不恥下問」，亦可以「不齒下問」。很多時候，讀者需要依據句子的前文後理作出推測，才能得知文中是否有錯別字。因此在一般中文寫作時，同音的錯別字問題更常出現。而在中文運用測試中，**考生要在云云像真度高的字詞中辨認出錯別字，絕對不能像平日瀏覽手機資訊般囫圇吞棗，必須逐字理解，方為上策。**

iii. 形似字

漢字裏有不少形似字，顧名思義，是字體偏旁相近，容易混淆的漢字。很多時候，幾個字看似一模一樣，不仔細看都不知道它們的分別。加上若是平日裏習慣使用速成輸入法的考生，往往更不了解字體的構成，混淆了也未必知道。形似字在 CRE 中文運用試卷中屬於難度較高的題目。

以下列出一組形似字供考生參考：

例子一：贏、嬴、羸

贏：粵正音為「盈」，廣東話口語讀音多作「jeng4」，解作賺錢或勝利的意思，如「贏了錢」、「贏了比賽」；也可引申為獲得或博得，如「贏得同事的支持」。「贏」是這一組字中最常用或常見的，拆開來看是以「亡月貝凡」組成──因古代曾將貝殼作貨幣之用，所以這個有「貝」字部分的「贏」字，在使用的時候常帶有金錢相關的背景。

嬴：粵音「仍」，只用作姓氏，如秦始皇嬴政便是姓嬴名政。考生可以姓氏的姓字偏旁為「女」，藉此記憶嬴字的組成為「亡月女凡」。

羸：粵音「雷」，瘦的意思，如「身體羸弱」，以「亡月羊凡」組成。

iv. 形音俱似

粵語同音字很多，形似的漢字亦不少；而讀音相同、字形相近但意思截然不同的字亦有頗多。如果考生只是應考寫作測試，或許可以根據自己的語文能力寫出正字，但當題目出現似是而非的字，加上讀音、字形都幾可亂真，要在極短時間和高度壓力下辨認出錯字，實在相當具有挑戰性。

以下列出兩組形音俱似的字供考生參考：

例子一：抒、紓、舒

例子二：辨、辯、辮、辦

對漢字有多少認識，以至辨別出常見錯別字的能力，單純講求考生自身語文能力，而非理解能力，故相對中文運用試卷中其他部分的考驗內容，字詞辨識其實屬於比較低層次的題目。然而，這部分的題目難度在於考生難以透過短時間操練，又或靠分析、答題技巧而取得改善。

在網絡時代，很多媒體追求發佈速度，在網上刊登的文章頗常出現錯字；加上本地不同的市場推廣中，也有很多「食字」（亦即是同音異字）廣告，並常見於各媒介，如巴士、地鐵站、紅隧出口等地方的大型廣告。香港考生日常看得多了，對辨別同音錯別字的能力和敏感度只會每況愈下。

更嚴重的是，香港作為國際城市，匯集東西中外流行文化，不乏直接引用日語漢字，也會以中文字寫出外語發音。近年更出現了以米線餐廳接待員口音的「譚仔話」廣告，融合「食字」廣告，讀者連如何正確讀出廣告內容都成問題。長久下去，香港考生可能連奇怪的無中生有的錯字，或以上提到的四類明顯錯別字都分辨不了。

要改善辨識正字的能力，考生只能靠擴大詞彙量，日常看到有懷疑的字詞時，翻查字典求證。但以上做法似乎對考生（特別是在職考生）的時間投資要求較高，儘管是長遠治本之策，卻無助考生短時間內應付迫在眉睫的 CRE 中文運用試卷。本書會在本章後段的模擬題目中，嘗試提出多類錯別字，以及在答案分析中詳解，希望啟發考生舉一反三，以最濃縮的內容幫助考生學會如何處理同類型的題目。

訓練辨認簡化字的能力

公務員事務局網站上的第二條例題，是測試考生辨認簡化字的能力。更直白一點說，題目只有四組字讓考生辨認正確或錯誤的簡化字。

中文历经几千年的演变，在不同时机有不同程度的简化字运动。简化字的出现让中文字更易于学习且方便，大众可更容易地识字沟通。

上一段文字，以簡化字寫出來，大家能夠看明白嗎？本書不會討論簡化字的歷史和發展，而是要考生了解，隨着香港政府與內地機構的溝通和交流日益頻繁，有意進入政府工作的人，的確有必要學懂閱讀及認識簡化字。事實上，除了中國內地，簡化字亦是新加坡、馬來西亞等地的官方中文字體，至於聯合國、世界銀行等國際組織中也在使用。由此可見，閱讀簡化字的能力在現今社會是擁有一定的重要性，最低限度，考生應該要看得懂前面筆者那一段以簡化字寫的文字。

假如考生從小甚少接觸簡化字，甚至乎連以上的一小段簡化字都未能百分百理解，筆者認真建議考生，無論你距離測試的日子還有多少，都要開始多閱讀簡化字。不妨先從日常生活入手，把手機系統介面的語言調整至簡體中文；平日多看內地新聞或網頁（考生可自由選擇任何感興趣的內容）。先要看懂，跟着下一步才輪到辨別簡化字的對錯。

若想學習最正統、最符合規範的簡化字，當然以中華人民共和國教育部、國家語言文字工作委員會聯合組織制定的《通用規範漢字表》為最權威。但畢竟只是一個 45 分鐘小測試的其中數題，筆者深明不會有考生為此閱讀《通用規範漢字表》。因此，以下搜集一些不同類型的簡化字轉換的列表，讓不太熟悉簡化字的考生先建立基礎概念，再去試做後面的模擬題目。

對於自問相當熟悉簡化字的考生，也有機會因為只懂認字，不懂其義，未能掌握簡化字的規律，以致出現自行省減部首、自創簡化字的情況，日常寫了錯別字而不自知。參考以下列表，可以更進一步了解自己辨認簡化字的程度。

i. 可類推的偏旁異體簡化字

常見被簡化的偏旁	例子
言→讠	詞語→词语、討論→讨论
食→饣	飢餓→饥饿、飢饉→饥馑
門→门	問→问、間→间
為→为	偽→伪
彔→录	綠→绿、錄→录

ii. 繁體字本身同為簡化字

已存在的繁體字	可組成詞彙	用作簡化字
冲（為沖的異體字）	冲（洗）	衝→冲（突）
借	借（據）	藉→借（口）
干	干（諾道中）	乾→干（毛巾）
只	只（欠東風）	隻→只（字不提）
仆	（前）仆（後繼）	僕→仆（人）
几	（茶）几	幾→几（乎）
面	（表）面	麵→面（粉）
丑	（小）丑	醜→丑（陋）
后	（皇）后	後→（前）后
谷	（山）谷	穀→（稻）谷

iii. 一字多用的簡化字

一個簡化字	代表的繁體字
干	乾、幹
发	發、髮
坛	罈、壇
饥	飢、饑

iv. 有簡化字但不應用的特例

簡化字	維持使用繁體字的詞彙特例
乾→干	乾隆、乾坤（一律不用「干」）
瞭→了	瞭望（不用「了」）
徵→征	宮商角徵羽（不用「征」）
夥→伙	字義解作「多」時不用伙，如「獲益甚夥」作「获益甚夥」，不用「伙」

　　當然，單計收錄在《通用規範漢字表》的中文字已有近萬個，以上列出的簡化字不過是當中極小部分，作用是希望考生了解幾種主流的簡化字規律，到測試時，就算不懂辨認正確或錯誤的簡化字，也可以嘗試透過這幾個規律去推敲正確答案。

3.3 模擬練習及分析

1. 請選出沒有錯別字的句子。

A. 發達是很多人的人生目標。

B. 知識交流與教學及研究，構成香港大學所有活動的三大支柱。

C. 若報關單不被服務供應商的系統接納，系統會發出信息給報關人士。

D. 在過去幾年，比特幣的地位已經得到逐步提升。

答案	**B.** 知識交流與教學及研究，構成香港大學所有活動的三大支柱。
答案分析	**考核重點**：錯別字（不符中文規範的訛字）辨識 A. 發達是很多人的人生目標。 　　發**達**　應為　發**達** C. 若報關單不被服務供應商的系統接納，系統會發出信息給報關人士。 　　供應**商**　應為　供應**商** D. 在過去幾年，比特幣的地位已經得到逐步提升。 　　比特**幣**　應為　比特**幣** **分析：** 這條題目中的錯別字都屬於中文的異體字（不符中文規範的訛字）。這些錯別字的筆劃、形狀與所對應的正字看起來沒有大分別，可能只是文字上的三條橫線變成兩條橫線，需要考生仔細閱讀才會發現是錯字。 而四個選項中唯一正確的句子，有機會存在一些不常見或筆劃複雜的用字，用以混淆考生視線。

2. 請選出<u>沒有</u>錯別字的句子。

A. 特區政府為出戰奧林匹克運動會的代表團舉行巴士巡遊及歡迎儀式，祝賀他們凱旋而歸。

B. 政府統計處公布，本月零售業總銷貨價值臨時估計為 362 億元，按年升 7%。

C. 祈求天地放過一雙戀人，怕發生的永遠別發生。

D. 傳譯要求頃刻之間耳到、心到、口到，不容巧思細量，考驗的不僅是語言工夫。

答案	D.
	傳譯要求頃刻之間耳到、心到、口到，不容巧思細量，考驗的不僅是語言工夫。

答案分析	**考核重點**：錯字辨識
	A. 特區政府為出戰奧林匹克運動會的代表團舉行巴士巡遊及歡迎儀式，祝賀他們凱旋而歸。 **凱**旋而歸　應為　**凱**旋而歸
	B. 政府統計處公布，本月零售業總銷貨價值臨時估計為 362 億元，按年升 7%。 價**值**　應為　價**值**
	C. 祈求天地放過一雙戀人，怕發生的永遠別發生。 **祈**求　應為　**祈**求
	分析： 這條題目中的錯別字都是現實中不存在，無中生有的錯字。這些錯字的筆劃、形狀與所對應的正字看起來只有很細微的差別，考生只要不被限時所影響，冷靜細心觀察，應可辨別出來。

3. 請選出**沒有**錯別字的句子。

A. 顏回家貧，生活艱苦，但他仍能律已修身，秉持高尚的仁義道德標準。

B. 根據民間傳說，「年」是一種兇猛的野獸，會在除夕出現為禍人間。

C. 這群惡霸由一些或則依仗權勢，橫徵暴取；或則貪財為己，草管人命；或則凶殘霸道，魚肉鄉民的流氓組成。

D. 眾裏尋他千百度，暮然回首，十年未見的舊友正在對面馬路。

答案	B. 根據民間傳說，「年」是一種兇猛的野獸，會在除夕出現為禍人間。
	考核重點：字形相近的錯別字辨識
	A. 顏回家貧，生活艱苦，但他仍能律已修身，秉持高尚的仁義道德標準。 律**已**修身　應為　律**己**修身
答案分析	C. 這群惡霸由一些或則依仗權勢，橫徵暴取；或則貪財為己，草管人命；或則凶殘霸道，魚肉鄉民的流氓組成。 草**管**人命　應為　草**菅**人命
	D. 眾裏尋他千百度，暮然回首，十年未見的舊友正在對面馬路。 **暮**然回首　應為　**驀**然回首
	分析： 這條題目中出現了字形相近的錯別字，主要涉及一些部首或筆劃的轉變，同樣需要考生細心地察覺出來。

4. 請選出**沒有**錯別字的句子。

A. 今屆書展的主辦機構邀請了大名頂頂的武俠小說作者到場演講。

B. 古代的消閒方式多種多樣，靜態的活動有琴棋書畫、品茗聽戲，動態活動則有狩獵、蹴鞠、放風箏、盪鞦韆。

C. 國家取得舉世觸目的成就，人民生活水平提升有目共睹。

D. 這所博物館展出了形形式式的唐朝文學作品，十分值得一去。

答案	B. 古代的消閒方式多種多樣，靜態的活動有琴棋書畫、品茗聽戲，動態活動則有狩獵、蹴鞠、放風箏、盪鞦韆。
答案分析	**考核重點**：讀音相近的錯別字 A. 今屆書展的主辦機構邀請了大名頂頂的武俠小說作者到場演講。 大名**頂頂**　應為　大名**鼎鼎** C. 國家取得舉世觸目的成就，人民生活水平提升有目共睹。 舉世**觸**目　應為　舉世**矚**目 D. 這所博物館展出了形形式式的唐朝文學作品，十分值得一去。 形形**式式**　應為　形形**色色** **分析：** 如果平日看手機或電腦網頁慣於流讀，可能不易找出這條題目中那些讀音相近的錯別字。其中尤以 D 選項難度較高，因「形式」本身是正確詞語，但寫成「形形式式」則變成錯誤用字。這題很考驗大家的中文水平和對字詞的敏感度。

5. 請選出**沒有**錯別字的句子。

A. 十三歲的男孩放學後就失去聯絡，至今不知所蹤，令人十分擔心。

B. 消費券對市道帶來有效的刺激，商戶的生意明顯增加。

C. 不同信仰傳統有不同禱告形式。

D. 東西方的典故有時不謀而合得令人嘖嘖稱奇。

答案	D. 東西方的典故有時不謀而合得令人嘖嘖稱奇。
答案分析	**考核重點：**音形相近的錯別字和錯字辨識 A. 十三歲的男孩放學後就失去聯絡，至今不知所蹤，令人十分擔心。 不知所**蹤** 應為 不知所**終** B. 消費券對市道帶來有效的刺激，商戶的生意明顯增加。 **刺**激 應為 **刺**激 C. 不同信仰傳統有不同禱告形式。 **禱**告 應為 **禱**告 **分析：** 這題與前一題相近，除了考驗大家的中文水平和對字詞的敏感度，更要求考生認識文字的正確寫法，如選項 B 的句子中，剌（粵音喇）和刺（粵音次）均為正確中文，變成詞語才有對錯之別。至於禱則屬於無中生有但字形相近的錯字。 話說回來，大多數中文字都是形聲字，因此出現許多音同或音近的形聲字，分別只在偏旁部首。因此多專注文字的部首偏旁辨識，就可避免用錯字。例如衣字部和示字部偏旁的分別，就是兩點與一點；籍、藉二字的竹字與草字頂。只要多加留心不流讀，應足以辨別出來。

6. 請選出**沒有**錯別字的句子。

A. 他作為今屆運動會最年輕的參賽者，沒有實戰經驗，臨場發揮相形見拙。

B. 上學期的講座吸引了數百位觀眾出席，不少觀眾在問答環節中踴躍發問，反應十分熱烈。

C. 她參加選美比賽奪得桂冠後，曾經整容的新聞不徑而走。

D. 展覽廳及設施經翻新後，感覺渙然一新。

答案	B. 上學期的講座吸引了數百位觀眾出席，不少觀眾在問答環節中踴躍發問，反應十分熱烈。
答案分析	**考核重點**：讀音相近的錯別字辨識 A. 他作為今屆運動會最年輕的參賽者，沒有實戰經驗，臨場發揮相形見拙。 相形見**拙** 應為 相形見**絀** C. 她參加選美比賽奪得桂冠後，曾經整容的新聞不徑而走。 不**徑**而走 應為 不**脛**而走 D. 展覽廳及設施經翻新後，感覺渙然一新。 **渙**然一新 應為 **煥**然一新 **分析**： 遇上這些音形相近的錯別字，無法「臨急抱佛腳」，只能依賴大家的中文水平、語感和對字詞的敏感度。

7. 請選出**沒有**錯別字的句子。

A. 過去三年，學校績極舉辦校本學習活動。

B. 一見鐘情聽起來有些不切實際。

C. 宰予晝寢，子曰：朽木不可雕也，糞土之牆不可朽也。

D. 學校要建立教師團隊的分享和協作文化，匡導有成長需要的學生。

答案	D. 學校要建立教師團隊的分享和協作文化，匡導有成長需要的學生。
答案分析	**考核重點**：音近與形近的錯別字辨識 A. 過去三年，學校績極舉辦校本學習活動。 　**績**極　應為　**積**極 B. 一見鐘情聽起來有些不切實際。 　一見**鐘**情　應為　一見**鍾**情 C. 宰予晝寢，子曰：朽木不可雕也，糞土之牆不可朽也。 　**朽**木不可雕　應為　**朽**木不可雕 **分析**： 這一題算是比較容易的，相信「績極」、「鐘情」和「朽木」都是擁有專上學歷者不難辨別的錯別字。如果你覺得這題困難，可能是辨識音近字的能力和中文程度不足，唯有靠多閱讀來「惡補」。

8. 請選出**沒有**錯別字的句子。

A. 已隔多年未有公開演唱的歌手載譽歸來，大家都十分期待。

B. 他住在沙漠多年，熟識當地的地形。

C. 真正的大人物是不會攝服於惡勢力之下。

D. 宮宮相衞，市民有冤也無處伸訴。

答案	A.
	已隔多年未有公開演唱的歌手載譽歸來,大家都十分期待。

答案分析	**考核重點**:音近與形近的錯別字辨識
	B. 他住在沙漠多年,熟識當地的地形。 **熟識** 應為 **熟悉**
	C. 真正的大人物是不會攝服於惡勢力之下。 **攝**服 應為 **懾**服
	D. 宮宮相衞,市民有冤也無處伸訴。 **宮宮**相衞 應為 **官官**相衞
	分析: 這題跟上一題相若,同樣是難度相對較低的。倘感到十分困難,可能錯別字辨識是你的弱項,那麼除了在考試前多花一些時間惡補,在應試時亦應小心切勿花太多時間糾纏於這部分,導致不夠時間答題。

9. 請選出<u>沒有</u>錯別字的句子。

A. 今日醫院人手不足,病患要等侯一段時間才可接受檢查。

B. 小王今次的考試成績明列前芧,他的父親一定十分興奮。

C. 展覽中的項目涵蓋多個全新范疇,可靈活應用在不同領域及各生活層面。

D. 政府恭賀今屆代表香港的精英運動員在比賽中獲取佳績,更為他們的出色表現感到驕傲。

答案	D.
	政府恭賀今屆代表香港的精英運動員在比賽中獲取佳績,更為他們的出色表現感到驕傲。

答案分析	**考核重點**：音近與形近錯別字辨識 A. 今日醫院人手不足，病患要等**侯**一段時間才可接受檢查。 　等**侯**　應為　等**候** B. 小王今次的考試成績明列前**芧**，他的父親一定十分興奮。 　明列前**芧**　應為　明列前**茅** C. 展覽中的項目涵蓋多個全新范疇，可靈活應用在不同領域及各生活層面。 　范疇　應為　**範**疇 **分析：** 這題跟上一題的注意點相若。值得一提的是選項 A 和選項 B 中，錯別字跟正字之間只存在很微細的筆劃差別，若要快速答題，就很講究考生是否足夠細心地察覺字形的不同地方。

10. 請選出<u>沒有</u>錯別字的句子。

A.　軍隊要在戰爭中緊守崗位，保護國家。

B.　我在媒體公司擔任過旅遊編輯，也曾任職於海外的媒體公司。

C.　音樂可以啟迪人心，也可助宣泄情緒。

D.　公司長期人手不足，人事部門要想辦法招言納士。

答案	C. 音樂可以啟迪人心，也可助宣泄情緒。

	考核重點：讀音相同的錯別字辨識
	A. 軍隊要在戰爭中緊守崗位，保護國家。 **緊**守　應為　**謹**守
	B. 我在媒體公司擔任過旅遊編緝，也曾任職於海外的媒體公司。 編**緝**　應為　編**輯**
答案分析	D. 公司長期人手不足，人事部門要想辦法招言納士。 招**言**納士　應為　招**賢**納士
	分析： 這題的錯別字，粵語讀音均與正字相同，而且更有字面意思騙眼看也說得通的錯別字，算是難度較高的題目。A 選項中「緊守」是指嚴密地看守；「謹守」則有小心謹慎地看守、遵守的含意，前者並非錯別字，惟意思有別。若伴隨「崗位」而言，用「謹守」才正確且符合中文規範。面對這個程度的題目，只能以中國語文知識的水平來分高下。

11. 請選出<u>沒有</u>錯別字的句子。

A. 這支護膚品的功效發揮到了極至，值得購入。

B. 後宮三千，楊貴妃盡得嬌寵。

C. 新來的經理熟暗公司事務，肯定花了一些時間預備。

D. 報道指，案件可能與公司內部人員貪污有關。

答案	**D.** 報道指，案件可能與公司內部人員貪污有關。

答案分析	**考核重點**：讀音相同的錯別字辨識 A. 這支護膚品的功效發揮到了極至，值得購入。 　　極**至**　應為　極**致** B. 後宮三千，楊貴妃盡得嬌寵。 　　**嬌**寵　應為　**驕**寵 C. 新來的經理熟暗公司事務，肯定花了一些時間預備。 　　熟**暗**　應為　熟**諳** **分析：** 這題同樣是檢視考生能否識別出讀音跟正字相同的錯別字。其中，B 選項的「驕寵」屬規範字，但在網絡上偶爾會看到有人誤寫「嬌寵」；而且因形容楊貴妃，所以更易惹人誤會為跟女子有關，故用女字旁的嬌字。 至於 D 選項的「報道」，或許有人會誤以為「報導」才正確。根據政府官方解釋，「道」字較為中性，「導」則有引導之意，故政府行文用「報道」取代「報導」會較合適；而教育局發出的香港小學學習詞表中，亦收錄了「報道」，並指「報道」較「報導」常用。總括而言，「報道」符合香港政府中文用字規範。

12. 請選出<u>沒有</u>錯別字的句子。

A.　疫情期間，全世界的航運停擺，成為制造業的寒冬。

B.　在傳統農業社會中五谷米是以稻、黍、稷、麥、菽為主。

C.　面粉或小麥粉是一種由小麥或者其它穀物研磨而成的粉末。

D.　人的身體是一個流動的生態系統，充滿細菌、真菌和原生動物等微生物。

答案	D. 人的身體是一個流動的生態系統，充滿細菌、真菌和原生動物等微生物。
答案分析	**考核重點**：繁簡體字混用的錯別字辨識 A. 疫情期間，全世界的航運停擺，成為制造業的寒冬。 　　**制**造　應為　**製**造 B. 在傳統農業社會中五谷米是以稻、黍、稷、麥、菽為主。 　　**五谷**　應為　**五穀** C. 面粉或小麥粉是一種由小麥或者其它穀物研磨而成的粉末。 　　**面**粉　應為　**麵**粉 **分析：** 因應香港人慣用繁體字，比起其他學習簡化字為主的地方，多了一種由「繁簡體字合一」所產生的錯別字。這種所謂「繁簡體字合一」的錯別字，本身既是繁體正字的簡化字，但同時又是正確的繁體字，要在限時中辨別出來，頗有一點挑戰性。

13. 請選出下面簡化字**錯誤**對應繁體字的選項。

A.　過→过

B.　遙→遥

C.　鶴→鹤

D.　離→离

答案	D. 籬→离
答案分析	**考核重點**：簡化字辨識 這部分開始是簡化字辨識，亦是懂就懂，不懂就再苦惱也未必能突然想通懂得回答的題目。總括而言，全憑考生對繁、簡體字轉換的認知水平，所以只附正解，除非必要便不作分析了。如希望提升對這類題目的把握力，唯有日常多看用簡化字的網頁和書刊。 **正解：** 籬→篱

14. 請選出下面簡化字<u>錯誤</u>對應繁體字的選項。

A. 詩→诗
B. 詞→词
C. 歌→哥
D. 賦→赋

答案	C. 歌→哥
答案分析	**正解：** 歌→歌（歌字的繁簡體相同）

15. 請選出下面簡化字**錯誤**對應繁體字的選項。

A. 會→会
B. 議→议
C. 概→既
D. 覽→览

答案	C. 概→既
答案分析	<u>正解：</u> 概→概（概字的繁簡體相同）

16. 請選出下面簡化字**錯誤**對應繁體字的選項。

A. 燒→烧
B. 賣→买
C. 壽→寿
D. 點→点

答案	B. 賣→买
答案分析	<u>正解：</u> 賣→卖（「买」其實是「買」的簡化字）

17. 請選出下面簡化字**錯誤**對應繁體字的選項。

A.　願→顾
B.　屬→属
C.　難→难
D.　戰→战

答案	A. 願→顾
答案分析	**正解：** 願→愿（「顾」是「顧」的簡化字）

18. 請選出下面簡化字**錯誤**對應繁體字的選項。

A.　優→优
B.　藍→蓝
C.　蠟→猎
D.　鬍→胡

答案	C. 蠟→猎
答案分析	**正解：** 蠟→蜡（「猎」是「獵」的簡化字）

19. 請選出下面簡化字**錯誤**對應繁體字的選項。

A.　牽→牵
B.　風→几
C.　時→时
D.　沒→没

答案	B. 風→几
答案分析	<u>正解：</u> 風→风（「几」本身是繁體字，同時也是「幾」的簡化字）

20. 請選出下面簡化字**錯誤**對應繁體字的選項。

A.　隨→隋
B.　陽→阳
C.　陸→陆
D.　鄒→邹

答案	A. 隨→隋
答案分析	<u>正解：</u> 隨→随（「隋」並非簡化字）

21. 請選出下面簡化字**錯誤**對應繁體字的選項。

A. 與→與
B. 蓋→盖
C. 體→体
D. 蘭→兰

答案	A. 與→與
答案分析	<u>正解：</u> 與→与（「與」是「舆」的簡化字）

22. 請選出下面簡化字**錯誤**對應繁體字的選項。

A. 業→业
B. 續→卖
C. 疊→叠
D. 圍→围

答案	B. 續→卖
答案分析	<u>正解：</u> 續→续（「卖」是「賣」的簡化字）

23. 請選出下面簡化字**錯誤**對應繁體字的選項。

A. 領→领
B. 奪→夺
C. 類→类
D. 覺→党

答案	D. 覺→党
答案分析	<u>正解：</u> 覺→觉（「党」是「黨」的簡化字）

24. 請選出下面簡化字**錯誤**對應繁體字的選項。

A. 義→乂
B. 劇→剧
C. 徹→彻
D. 爍→烁

答案	A. 義→乂
答案分析	<u>正解：</u> 義→义（注意筆劃多了一點；而「乂」並非簡化字）

25. 請選出下面簡化字**錯誤**對應繁體字的選項。

A. 筆→笔
B. 園→园
C. 斷→断
D. 閉→闩

答案	D. 閉→闩
答案分析	**正解：** 閉→闭

26. 請選出下面簡化字**錯誤**對應繁體字的選項。

A. 盤→盘
B. 鐵→鈇
C. 磚→砖
D. 盡→尽

答案	B. 鐵→鈇
答案分析	**正解：** 鐵→铁

27. 請選出下面簡化字**錯誤**對應繁體字的選項。

A. 寶貝→宝贝
B. 邏輯→逻辑
C. 嚴厲→严历
D. 知識→知识

答案	C. 嚴厲→严历
答案分析	**正解：** 嚴厲→严厉 （「历」是「歷」的簡化字）

28. 請選出下面簡化字**錯誤**對應繁體字的選項。

A. 愛情懸崖→爱情悬崖
B. 龍戰騎士→龙战骑士
C. 逆鱗→逆鳞
D. 最長的電影→最长的电映

答案	D. 最長的電影→最长的电映
答案分析	**正解：** 最長的電影→最长的电影 **分析：** CRE 中文運用測試中，當然未必會使用流行歌曲作為題目，但建立興趣從來都是學習的快捷方法。此題選的都是周杰倫的歌曲名，當中使用了一些比較少見和複雜的文字，測試一下考生對於不常見的簡化字有沒有基礎認知。

29. 請選出下面簡化字**錯誤**對應繁體字的選項。

A. 青花瓷→青花瓷
B. 紅顏如霜→红颜如相
C. 米蘭的小鐵匠→米兰的小铁匠
D. 驚嘆號→惊叹号

答案	B. 紅顏如霜→红颜如相
答案分析	**正解：** 紅顏如霜→红颜如霜 **分析：** 再來一題借用周杰倫歌曲名的題目。選用的歌名都有用上一些筆劃較多的字，似乎應該會有簡化字，但原來未必。

30. 請選出下面簡化字**錯誤**對應繁體字的選項。

A. 爺爺泡的茶→爷爷泡的茱
B. 最後的戰役→最后的战役
C. 烏克麗麗→乌克丽丽
D. 紅塵客棧→红尘客栈

答案	A. 爺爺泡的茶→爷爷泡的茱
答案分析	**正解：** 爺爺泡的茶→爷爷泡的茶

31. 請選出下面簡化字**錯誤**對應繁體字的選項。

A. 愛情廢柴→爱情废柴
B. 愛情懸崖→爱情悬崖
C. 本草綱目→本草纲目
D. 公公偏頭痛→公公偏头疼

答案	D. 公公偏頭痛→公公偏头疼
答案分析	**正解：** 公公偏頭痛→公公偏头痛（「痛」並無簡化字）

32. 請選出下面簡化字**錯誤**對應繁體字的選項。

A. 山藥→山药
B. 當歸→当归
C. 枸杞→枸己
D. 華佗→华佗

答案	C. 枸杞→枸己
答案分析	**正解：** 枸杞→枸杞（繁簡體寫法相同）

33. 請選出下面簡化字**錯誤**對應繁體字的選項。

A. 笑聲→笑声
B. 盤旋→盘旋
C. 嘴角→咀角
D. 凋謝→凋谢

答案	C. 嘴角→咀角
答案分析	**正解：** 嘴角→嘴角 **分析：** 坊間常見把「嘴」字簡寫作「咀」。惟「嘴」沒有簡化字，「咀」其實亦非「嘴」的簡化字。

34. 請選出下面簡化字**錯誤**對應繁體字的選項。

A. 翻譯→番译
B. 封閉→封闭
C. 溫習→温习
D. 淚滴→泪滴

答案	A. 翻譯→番译
答案分析	**正解：** 翻译→翻译（「翻」並無簡化字）

35. 請選出下面簡化字**錯誤**對應繁體字的選項。

A. 熱鬧→热闹
B. 轉機→转机
C. 靜默→静陌
D. 驚喜→惊喜

答案	C. 靜默→静陌
答案分析	<u>正解：</u> 靜默→静默 （「默」並無簡化字）

36. 請選出下面簡化字**錯誤**對應繁體字的選項。

A. 煙味瀰漫→烟味弥漫
B. 柔中帶剛→柔中带刚
C. 仁者無敵→仁者无敌
D. 飛簷走壁→飞簷走壁

答案	D. 飛簷走壁→飞簷走壁
答案分析	<u>正解：</u> 飛簷走壁→飞檐走壁

37. 請選出下面簡化字**錯誤**對應繁體字的選項。

A. 黑白講→黑白讲
B. 羅密歐與茱麗葉→罗密欧与朱丽叶
C. 生命有一種絕對→生命有一种绝对
D. 約翰藍儂→约翰蓝伦

答案	D. 約翰藍儂→约翰蓝伦
答案分析	**正解：** 約翰藍儂→约翰蓝侬

38. 請選出下面簡化字**錯誤**對應繁體字的選項。

A. 聽說讀寫→听说渎写
B. 華夏歷史→华夏历史
C. 傳統知識→传统知识
D. 重蹈覆轍→重蹈覆辙

答案	A. 聽說讀寫→听说渎写
答案分析	**正解：** 聽說讀寫→听说读写

Chapter 04

句子辨析題型解析

句子辨析跟字詞辨識驟眼看好像很相近，分別只是前者要求考生識別出句子（而非字詞）的毛病。但請留意，句子是辨析，而字詞則是辨識，兩者大不同。辨識只是識別對錯，至於辨析則更講求分析力，要判斷出句子是否欠妥當或似是而非，難度明顯較高。

4.1 中文版的「考 Grammar」

　　緊接上一章的字詞辨識，本章進入句子辨析，這部分在 CRE 中文運用測試中共佔八題。公務員事務局對句子辨析試題的官方介紹是：

> 這部分旨在考核考生對中文語法的認識，辨析句子結構、邏輯、用詞、組織等能力。

　　在香港接受教育並以中文為母語學習中文的考生，閱讀完以上有關句子辨析題目的官方介紹，可能會有一點不明所以。若說得形象化一點，其實就是測試考生的語法（或稱文法）水平，亦即是英文的 Grammar。每種語言都有自己的語法，而句子的結構、邏輯、用詞、組織等，訴諸相應的英文就是 Sentence structure, logic, use of words, organisation 了。

　　對於很多自小在本地接受教育的考生而言，使用英文來解讀中文運用測試的內容，會更容易明白及理解。這是因為考生在學校讀英文的時候，都會被要求操練 Grammar，那一本厚厚的牛津大學 Grammar book，迄今依然在筆者的腦海中歷歷在目啊。

　　再用簡單的例子來說明：英文語法的句型（如簡單的 Subject + verb；Subject + verb + object）就是對應句子結構；英文語法的用詞（Use of words），譬如 But 和 However 的意思相同，卻不能在句子的任何位置中互相取代替換，只有 But 可以用作連接詞，這就對應中文語法的用詞。

以下引用兩條在公務員事務局網站上的官方例題（後文會提供相關解釋）：

官方例題

1. 選出有語病的句子。

A. 校方經過多次磋商後，終於釋除了學生會的疑慮和要求。

B. 港府發言人表示，雙方還有不少問題待解決，他寄望港粵邊界劃分很快會有結果。

C. 大學生活有苦有樂，當中少不了的是趕功課時通宵達旦的那種滋味。

D. 在預科時，我也學過實用文寫作，可惜現在全都忘記了。

2. 選出沒有犯邏輯錯誤的句子。

A. 只有水量合適，農作物才能豐收。今年農作物沒有豐收，所以今年水量不合適。

B. 在世界教育史上，中國是很早出現學校的一個國家。

C. 這間公司的服務對象是男性和中下階層。

D. 他的十個預測完全準確，只是最後一個有點差誤。

官方例題答案

第一題：A

第二題：B

就以上第一條有關語病的題目，是中文運用測試中常見的考核內容。

有語病的句子，亦可稱為「病句」，可能對大家而言更容易理解。本書把常見於中文運用測試中的語病大概歸類為以下幾種：

- 句子結構不完整
- 不合邏輯
- 用詞不當
- 組織混亂

句子結構不完整

小時候讀英文語法時，我們會學習句子結構，例如 Subject + verb + object（S+V+O），又或更複雜的句式。中文也有標準的句子結構，**句子成分殘缺或多餘（累贅），也是其中一種語病。**

英文的基本句子結構是 S+V+O，中文的基本句子結構一樣——主語 + 謂語 + 賓語[1]。

主語：謂語的陳述對象，通常在謂語的前面。
謂語：與主語部分相對，是對主語作陳述。
賓語：表示動作或行為的成果，是謂語的連帶成分。

以下是兩句簡單的例子：

1　當然，結構更複雜的句子，還會有補語、定語、狀語。但缺乏這三種句子成分的句子，多數情況下亦可以是完整的句子，因篇幅有限，不在此贅述。

> 我（主語）寫（謂語）書（賓語）。
>
> 小明（主語）看（謂語）電視（賓語）。

　　如果句子失去了主語和謂語，就是不完整、殘缺的病句。而賓語在大多數的句子都要存在，關鍵在於謂語，例如以上兩句句子的謂語屬於及物動詞，就要有賓語才可成立；假如是不及物動詞，則可不帶賓語，譬如：

> 小雲（主語）大叫（謂語）。
>
> 小吉（主語）睡覺（謂語）。

　　在使用不及物動詞作為謂語的情況下，就算句子沒有賓語都仍然合乎規範，沒有語病。

　　沒有例外嗎？有的。在某些特定情況下，中文句子可以沒有主語──在同一篇文章中，屬於承上啟下的個別句子，而且連續的句子中的主語一樣，後面的句子則可以不必重複主語。

　　另一個情況是，主語是作者自己。如文章或句子的內容是書寫作者個人感受或經歷，作者就不必在每一句中都加入主語，像以下這段文字：

> 買菜後趕回家，拿着幾袋有味道的生肉和蔬菜進了電梯，很多人擠在這狹窄的空間，空氣都顯得特別混濁。

　　首兩句，作者毋須刻意加入主語，讀者都會明白是寫──「我」

買菜後趕回家，「我」拿着幾袋有味道的生肉和蔬菜進了電梯。而後面第三句寫的是擠在這狹窄的空間的人，主語就變了「很多人」。

但在 CRE 中文運用測試中的句子辨析題目，單獨句子出現的頻率較高，考生未必會見到這類型的題目。惟考生要知道，每事都有例外，多懂一點對於實際應試肯定會有幫助。

句子辨析題中，有部分題目沒有要求考生找出指定的語病，而句子結構不完整算是相對容易察覺的。這類病句的用字未必會十分深奧，考生只要能分辨出詞性即可應付。

用詞不當

讓我們看看本章開首所引的第一條官方例題，題目中 A 選項含有語病，考生能否指出其中問題所在？

校方經過多次磋商後，終於釋除了學生會的疑慮和要求。

此句的語病就是用詞不當，當學生會有「疑慮」和「要求」，校方可以分別「釋除疑慮」和「滿足要求」，但不能「釋除要求」。這裏的動詞不能同時搭配兩個性質不同的名詞，亦可以稱為配詞不當，是常見的病句。

辨識一句句子是否有用詞／配詞不當，考生可從兩方面 —— 語言習慣、事理關係 —— 作出分析。

不合邏輯

　　不合邏輯是稍稍跳脫於語法之外的語病，通常在於句子表達的內容不合常理。句子可能使用正確的詞性，結構亦完整，但在意義上未能配合，出現概念範圍不清、自相矛盾等問題，或在事理方面不合理，以下舉兩個例子：

> ● 人無完人，孔子不會犯錯。
>
> **分析：** 前半句指所有人都會犯錯，後半句卻指孔子不會犯錯，所以意思是說孔子不是人？實際上，孔子是人，故這一句話就存在自相矛盾，是不合邏輯的病句。

> ● 我很喜歡男團 Mirror 的所有成員，我也很喜歡江𤒹生。
>
> **分析：**「男團 Mirror 的所有成員」當中已經包括了江𤒹生，故不應該重複出現。這病句表達的概念範圍不清。

　　要辨析出不合邏輯的病句，側重的似乎是考生的理解能力和邏輯思考，而非語文能力。然而，一個人的表達能力強弱，正正依賴其使用的語文是否能足夠清晰地表達腦海中的內容。換言之，語文及內容兩者同等重要。而邏輯思維是應付這類題目的必備技能。

　　看看本章開首所引的第二條官方例題，題目中有三個選項內容皆犯了邏輯錯誤：

● 只有水量合適，農作物才能豐收。今年農作物沒有豐收，所以今年水量不合適。

分析：此句存在推理邏輯錯誤，水量是農作物豐收的其中一個必要條件，但不是全部條件。在沒有其他的環境因素之下，作者不能以果推因，藉農作物豐收與否，推測出水量是否合適。

● 這間公司的服務對象是男性和中下階層。

分析：此為分類錯誤，「男性」可以是高級階層，而「中下階層」可以包含女性。原句中並列使用「男性」和「中下階層」兩詞，產生歧義。

● 他的十個預測完全準確，只是最後一個有點差誤。

分析：只要有「一個」例外，就不算是「完全」，因此是用詞不確。

　　考生在應對這類型題目時，一定要保持頭腦清醒，透徹理解內容後，才能正確作答。辨識語病是一種能力，修改病句則是進階能力，之後才能寫出正確的句子。幸好，CRE 中文運用測驗只考核第一種能力[2]。

　　考生要訓練辨認語病的能力，最佳方法當然是多看書，培養對文字的觸覺。可是，現代人日常要應付的測驗考試千千萬萬，若為了一個免費的入職測試便須寒窗苦讀十年，那麼 EO Classroom 的攻略就沒有存在的必要了，大家去讀字典就可以。當然不是這樣

2　用語不當這種語病亦是考生在應考其他公務員筆試中常犯而不自知的錯誤（不論是寫中文或英文的文章）。假如考生在報考公務員職位的過程中需要接受筆試，可參閱 EO Classroom 另一本著作《應考公務員筆試技巧》，了解公務員寫作方面的技巧和宜忌。

的，其實有幾種便捷應對句子辨析題的方法。

應對句子辨析四技巧

最直接的方法是「語感」，亦即從小使用中文所累積出來的經驗。**考生按平日的語言習慣去讀題目的句子，語感自自然然會讓考生在讀到病句時覺得怪怪的。**有人說這是直覺，但它與第六感不同，語感是基於日常對文字、語言的習慣而培養出的感覺。當然，假如考生平日幾乎不聽、不讀中文，或自己的說話、行文也語病多多，語感就幫不了忙。

其次，也是前文一直提到的邏輯分析。**就文字上表達的內容，透過事理分析是否合乎邏輯。**舉例說，不是句子出現「因為……所以……」的字眼，就代表因果關係一定成立，我們要以邏輯思維來驗證句子的真確性。

第三，去除句子不必要、多餘的成分。句子辨析的題目既有長句，也有短句。在面對冗長而且複句的句子時，考生可以刪去不影響句子架構的內容，例如：

國家科學基金的青年科學基金項目自去年起接受香港學者申請，支持青年科技人員進行科學研究工作，培養他們獨立進行創新研究的能力，為科學界培養基礎研究的人才。

上面這段句子，刪去不影響句子架構的文字內容，就變成——

~~國家科學基金的青年科學基金項目~~自去年起接受香港學者申請，支持~~青年科技人員進行科學研究工作~~，培養他們獨立進行創新研究的能力，為科學界培養基礎研究的人才。

刪減文字，能夠令考生的專注力放在句子自身架構。但大家要注意，在選擇刪減的內容中，可能會有些專有用詞或涉及邏輯的內容亦被刪去，所以這個方法不適用於指明屬邏輯錯誤或用詞不當的題目。

　　第四，仿造題目句子。題目所引的句子內容未必是考生日常會接觸的領域，例如天文、科學、歷史等。考生面對不太理解的文字內容，往往會不自覺地把注意力放到理解文字內容，而非句子架構。這時候，**考生不妨參考題目的句子架構，但把內容換上自己可以掌握的內容，再辨別句子是否有毛病。**然而，這是一個有效卻比較耗時的方法，而且未必能破解不合邏輯的語病，故不建議考生每題使用。

4.2 模擬練習及分析

1. 選出有語病的句子。

A. 這對失散多年的姊妹重遇後馬上如桃園結義般的親密,果然是血緣之情。

B. 梅與竹的形態截然不同,但包含的文化意蘊有其共通之處。

C. 新詩是五四文學革命狂潮下產生的文類。

D. 字典的功能是幫助讀者認清字形、讀準字音、了解字義。

答案	**A.** 這對失散多年的姊妹重遇後馬上如桃園結義般的親密,果然是血緣之情。
答案分析	「桃園結義」出自明代羅貫中所撰章回小說《三國演義》,寫劉備、關羽和張飛在桃園結拜,結盟為義兄弟。後引申為形容異姓者情同親兄弟姊妹,志同道合,結義金蘭。 題目的 A 句子中,兩位主角本身就是有血緣的親姊妹,以「桃園結義」去描述她們情義如親姊妹,就是用詞不當了。

2. 選出有語病的句子。

A. 烏龜雖然步速較慢,但未有削弱其在跑步賽事中摘取桂冠的決心。

B. 香港是四川最大的外資來源地,不少港資項目已成為當地的地標。

C. 這個部門為節約電源所採取的措施成效顯著,其他部門都爭相效尤。

D. 後世對蘇軾書法的評價,尤其是楷書,褒貶不一。

答案	**C.** 這個部門為節約電源所採取的措施成效顯著，其他部門都爭相效尤。
答案分析	大部分考生對 C 選項中「效尤」一詞的認識，可能始於成語「以儆效尤」的「效尤」。「效尤」一詞有照着做的意思，與「仿效」一樣，但兩者卻有褒貶義之別。 「效尤」一詞不是常用的詞彙，考生單看「效尤」未必知道它其實含有貶義，但考生可以借「以儆效尤」的意思（即透過處置一個壞人或處理一件壞事所用的方法，使有意做壞事的人知所警惕），推測到「效尤」是負面用語。「效尤」是明知別人的行為是錯，仍照樣去做。 然而 C 選項句子中提到的「措施」屬正面事物，跟隨去做自然是好事，因此不應使用負面用字──「效尤」。 考生在測試中面對不熟悉的字詞，現場沒有字典，也不能上網查資料，只能使用聯想法，思考一下這些字詞平日裏會跟哪些字組成詞彙或成語，再去推測其含義。 順帶一提，A 選項句子中提到的「桂冠」，在西方文化中是光榮的象徵，可以代表「競賽冠軍」的意思。源於古希臘傳統會把月桂的小櫛編織成冠狀物，作為頒贈給詩人和英雄的榮譽。「摘取桂冠」在此句中的意思是「贏取冠軍」。

3. 選出有語病的句子。

A. 舊日記裏的明信片記錄了她到德國的旅遊趣事，她今日再看也覺得十分有趣。

B. 假如國家容許同性婚姻合法化，之後就會有人要求多重婚姻、近親婚姻合法化，最後只會導致婚姻制度的崩潰。

C. 小可把積木、紙牌、模型等玩具藏在大院的地窖中，卻不知道地窖潮濕，會影響木製玩具的狀態。

D. 晉時王質上山伐木，遇人弈棋，觀棋一日，只以童子相遞之棗充飢，及至童子相告，才驚覺斧柯盡爛。

答案	**B.** 假如國家容許同性婚姻合法化，之後就會有人要求多重婚姻、近親婚姻合法化，最後只會導致婚姻制度的崩潰。
答案分析	B 選項的句子犯了邏輯錯誤。 句子的內容誇大了事情之間的因果強度，而得出不合理的結論。容許同性婚姻合法化可能會引發關於其他婚姻關係的討論，但不一定會令人要求多重婚姻、近親婚姻合法化；而即使有人要求多重婚姻、近親婚姻合法化，亦不代表會成為主流民意或者獲大眾接納而成功合法化；最後亦不一定會導致婚姻制度的崩潰。 事情的因果關係看似環環相扣，卻因缺乏必然性而產生可以被推翻的漏洞，就是這一題的句子所犯語病。在邏輯學上，這屬於香港中小學課程很少會教到的「滑坡謬誤」，但在日常生活中都會不時見到或聽到。譬如「小時偷針，大時偷金」或「小孩子不好好讀書，長大就要乞食」，均是「滑坡謬誤」的經典例子。

4. 選出有語病的句子。

A. 煩人的蒼蠅總是嗡嗡嗡地繞着我們飛來飛去，令人不能靜下來好好讀書。

B. 教授嚴肅認真的學術研究精神、博大深厚的知識根基令我肅然起敬。

C. 他們兩個小朋友自小學起就讀同一所男校，青梅竹馬，感情要好。

D. 市民進行消耗體力的戶外活動時，應避免飲用含咖啡因的飲品，例如咖啡和茶，以及酒精類飲品，以免增加水分經泌尿系統流失的速度。

答案	C. 他們兩個小朋友自小學起就讀同一所男校，青梅竹馬，感情要好。
答案分析	這一句的語病是用詞不當，問題出於「青梅竹馬」這個成語的用法。
	「青梅竹馬」出自李白的《長干行》，詩中描寫一男一女兩個小朋友兒時一起玩耍，原詩句為「郎騎竹馬來，繞床弄青梅」，描寫小男孩把竹竿當成馬來騎，小女孩把玩着青梅花枝，一同嬉戲。考生未必知其這個成語出自李白的詩，但在日常生活中，如看小說、古裝劇時可能會見過這個成語。
	雖說唐朝跟現今社會的狀態大不同，女孩可以騎竹馬，男孩亦可把玩青梅枝，但有鑑於這個成語的歷史背景，「青梅竹馬」只應用於自小相識親睦的男女之間才合適。
	C 選項句子中提到的兩個小朋友就讀同一所男校，自然是兩個男孩子，故「青梅竹馬」用在這裏便屬於錯誤配詞。

5. 選出有語病的句子。

A. 為了達到醫生建議的健康情況，陳叔近日都以步行代替搭巴士。

B. 本公司乃本網站所有內容（包括但不限於所有文本、圖像、照片及數據或其他材料的匯編）的版權擁有人。

C. 跑步是最多市民參與的戶外活動之一。

D. 減少浪費，大家可以把不需要的衣物捐贈予有需要人士或慈善機構。

答案	A.
	為了達到醫生建議的健康情況，陳叔近日都以步行代替搭巴士。
答案分析	這句的語病是配詞不當。
	按照中文的語法規範，「達到」不能與「情況」配搭，屬於謂語（動詞）賓語搭配錯誤。
	根據原文的意思，正確的做法應是將「情況」改寫為「目標」。其實考生只要按平常語言習慣在心內默唸這一句話，應該會感到怪怪的，因為我們平日說話一般都不會說「達到……情況」。

6. 選出有語病的句子。

A. 二千多年前，絲綢在羅馬的價值一度與黃金相同，是富貴的象徵。古羅馬人看到輕柔亮麗的絲綢，立即奉為至寶。
B. 圖書館中既有小說藏書，亦有金庸的武俠小說。
C. 傳統年節的習俗傳承久遠，時至今日仍然饒有意義。
D. 漢字的產生可追溯至六千年前新石器時代的仰韶文化。

答案	B.
	圖書館中既有小說藏書，亦有金庸的武俠小說。
答案分析	「小說藏書」已涵蓋「武俠小說」，故不應重複，即是犯上多餘累贅的毛病。
	正確的寫法應該要把原句中兩個書籍類別的關係，由並列改寫為從屬。例如改為：「圖書館中有小說藏書，包括金庸的武俠小說。」

7. 選出有語病的句子。

A. 寵物公園是專門設計予寵物使用的場地，一般設有圍欄及雙重閘門以防止寵物走失。

B. 因應日本計劃排放核廢水，鄰近國家疑問：會影響食水安全嗎？

C. 自動航站情報系統是一個高頻的廣播系統，無間斷地發放重要的資訊予離境及將抵達本地機場的航機。

D. 如有足夠證據，署方將提出檢控。

答案	B.
	因應日本計劃排放核廢水，鄰近國家疑問：會影響食水安全嗎？
答案分析	B 選項第二分句遺漏了謂語（動詞），這是誤解詞性所引致的毛病。
	「疑問」是名詞，但在這裏被放在主語（鄰近國家）後面，被誤當為動詞。
	正確的做法有兩個，一是補加動詞，如提出，即把句子改為「鄰近國家提出疑問」；第二個方法是用另一個同義動詞取代「疑問」，如「質疑」。

8. 選出有語病的句子。

A. 對於對抗疫付出貢獻的醫護人員，都得到全港市民的感激。

B. 工程服務部負責設計及維修保養交通管制系統、雷達、導航、通訊設備及資訊科技系統。

C. 政府十分重視食水安全，以供應符合香港食水標準的食水為目標。

D. 減慢全球暖化的速度需要每個人參與才能取得成功。

答案	A.
	對於對抗疫付出貢獻的醫護人員，都得到全港市民的感激。
答案分析	此句子以「對於」這個介詞（Adposition）為開首，令句子失去了主語，而下一句亦沒有補充主語，造成句子結構不完整。
	考生面對這部分試題之際，可特別留意使用介詞，包括但不限於當、對、對於、由於、在、經過等作為開端的句子，這往往是主語殘缺的病句。

9. 選出有語病的句子。

A. 音樂是指任何以聲音組成的藝術。

B. 唐宋八大家，是中國唐代的韓愈、柳宗元，宋代的歐陽修、蘇洵、蘇軾、蘇轍、曾鞏和王安石共八位散文家的合稱。

C. 技術性失業是指因為科技進步而導致的失業。

D. 如果申請資料齊備，本部門可以在十個工作天完成批核過程。

答案	D.
	如果申請資料齊備，本部門可以在十個工作天完成批核過程。
答案分析	這題的 D 選項句子缺乏主語，沒有交代是誰的申請資料。
	連續幾題都是涉及結構不完整的病句，考生可能開始掌握到何謂語感，能夠讀一兩遍就辨析出這類型的病句。其實這題的選項是改編自政府主要官員的公開發言，大家平日在新聞上看慣了或許不會覺得有語法問題，但只要細心閱讀，病句到處皆是，考生不愁日常沒有練習的機會。

10. 選出有語病的句子。

A. 我很喜歡這套醫療電視劇，能讓我相信世界是美好的。

B. 香港公開試的考試資歷獲廣泛認可，考生可以憑考試成績於本地升學或就業，亦可直接報讀非本地大學。

C. 本校全年開辦的兼讀課程吸引不同年齡的中國文化愛好者報讀。

D. 葉大明四歲開始學習拉大提琴，六歲第一次參加少年音樂課程，從小視練琴為苦差，直至升中後遇上學校樂團的朋友，才開始發現音樂帶給他的樂趣。

答案	A. 我很喜歡這套醫療電視劇，能讓我相信世界是美好的。
答案分析	「主語暗換」是 A 選項句子所干犯的語病。 「我」是句子的主語，在語法規範上，「我」會同時成為下一句的主語（但不會明寫出來）。放在這個病句上，第二句就變成了「我讓我相信世界是美好的」，顯然有違這句話的本意。

11. 選出有語病的句子。

A. 我打這通電話給你是為了向你交代明天早上的工作。

B. 我負責把麵團擀成薄薄一塊，切成麵條，將之弄成蝴蝶結的模樣，再撒上一點芝麻和乾麵粉。

C. 她上司喜歡她的原因是因為她的工作態度良好，反應快捷，做事有條理，性格十分爽朗，原因眾多。

D. 他自小活潑可愛，自然受到一眾長輩的寵愛。

答案	C.
	她上司喜歡她的原因是因為她的工作態度良好，反應快捷，做事有條理，性格十分爽朗，原因眾多。

答案分析	中文語法有一種語病叫「句子成分缺乏」，反之，亦有一種語病叫「句子成分多餘」。
	A 選項第一句中同時存在「原因」和「因為」兩個意思相同的詞語，即是以多餘的句子成分重複一樣的意思，犯了「句子成分多餘」這種語病。

12. 選出<u>沒有</u>用詞不當的句子。

A. 小晴十分孝順父母，經常帶父母親去旅行遊歷，果然是舐犢情深。

B. 當局期望在五年內能製造 100 萬個創科業相關的新職位。

C. 政府推出政策成功鎮壓了樓市上升的走勢。

D. 快速的城市化進程會產生各種各樣的環境問題。

答案	D.
	快速的城市化進程會產生各種各樣的環境問題。

答案分析	之前的模擬練習題都是要求考生從四個選項句子中，找出唯一一個有病句（但未指明犯了甚麼語病）的答案。而由這一題開始，就會變成四個選項中有三個都有語病（考題亦會指明是甚麼語病）。這兩種題目難度不同，但考生應對指定語病的題目，其實大可以將之視為提示──最起碼，考生在面對題目指定為用詞不當的題目時，毋須再花心思檢視句子結構或組織，節省時間。
	在這一題中，A、B 及 C 選項都存在用詞不當的語病。

[接上表]

答案分析	A 選項中使用了成語「舐犢情深」，其意思的確是形容父母與子女間的感情，但這成語其實專指父母對子女的疼愛——「舐」解作用舌舐物，為動物間常見表達情感、疼愛的動作；「犢」字常用於成句「初生之犢不畏虎」，意指幼牛。「舐犢情深」這個成語把母牛舐幼牛的畫面形象化，泛指父母對子女的疼愛之情，然而不適用於子女對父母的孝親恩，這是錯誤配詞。
	至於 B 選項使用了「製造……職位」這個詞組，同樣屬於錯誤配詞。按規範，對應「職位」的動詞該是「創造」才對。
	C 選項中用了「鎮壓」一詞，那通常指以武力禁止，屬於負面用字（即貶義詞），此詞的對象必須是負面的事物，如暴動、叛亂等。惟句子配上的是「成功」、「樓市上升的走勢」等字眼，故「鎮壓」無論在意思和詞性上都不是合適的用詞。而我們日常讀寫講中文時，都不會使用「鎮壓……上升的走勢」這個詞組，相信考生單憑語感已可辨別這句子的配詞不當。
	餘下只有 D 選項沒有任何語病。

13. 選出**沒有**犯邏輯錯誤的句子。

A. 人類需要空氣和水分才能生存，缺乏水分會令人類滅絕，所以水成為了人類唯一的飲品。

B. 人有四肢，猴子有四肢，所以猴子也是人。

C. 如果他有認真讀書，就不可能在考試中不及格。

D. 這個城市的權力被地產商把持多年，官與商利益相連，關係盤根錯節。

答案	D.
	這個城市的權力被地產商把持多年，官與商利益相連，關係盤根錯節。
答案分析	A 選項是因過度概括而引致邏輯錯誤，錯誤地假定只有水才存有水分。事實上，其他飲品或食物中亦含有水分，可幫助維持人類生存。這句的邏輯問題是錯把「水」和「水分」劃上了等號。
	B 選項在內容上存在很大的謬誤，相信大家一看便覺得很有問題，畢竟大家都不會把猴子跟自己視為同類吧。而這句子的問題是錯誤地歸納導致邏輯錯誤。擁有四肢是人類的身體特徵之一，卻非唯一的特徵，所以單靠有四肢來區分是否人類，是以偏概全。
	C 選項犯了推理邏輯錯誤。認真讀書是考試及格的其中一個條件，但不是全部條件。在沒有提及其他環境因素的情況之下，如「他」的天資，又或考試的難度，就不能以果推因，透過考試及格與否來推測出「他」有沒有認真讀書。
	犯了邏輯錯誤的句子，在其句子結構完整的情況下，很少考生能夠有自信地指出其為病句，考生一定要多練習才能找到感覺並建立作答的信心。

14. 選出**沒有**犯邏輯錯誤的句子。

A. 他的電話不停響起，可見他人不在辦公室。

B. 如果他愛他的未婚妻，就會為她購買那條價值 100 萬元的紅寶石戒指。

C. 這些年，她摯愛的外婆身體狀況愈來愈差，日益衰老，是她最難承受的心事。

D. 下雨會令地面變得潮濕，行人容易滑倒，所以每次有行人滑倒都是下雨後發生的事。

答案	C. 這些年，她摯愛的外婆身體狀況愈來愈差，日益衰老，是她最難承受的心事。
答案分析	A 選項的內容推論不合邏輯——「他」的電話在響，與「他」是否在辦公室沒有直接關係。 B 和 A 選項所犯的邏輯錯誤一樣，都是錯誤地推論出因果關係。B 選項中，「愛」和「購買戒指」沒有必然的因果關係，所以考生不能以「他愛她」就推出「他要購買戒指」這個結論。對女性考生來說，如果你認為這個選項的句子合理，只是因為你剛好有個很好的「他」，但千萬不要因此誤判這句子的邏輯正確。 D 選項犯了兩個邏輯錯誤，假設了兩個錯誤的因果關係逆推——行人滑倒只因為地面潮濕以及地下潮濕只因為曾下雨。事實上，人滑倒和地面潮濕可以有許多其他原因。 餘下來只有 C 選項的內容沒有邏輯錯誤。儘管可能有人會覺得這句子中「摯愛」一詞的用法很少見，以為配詞有誤。但其實翻查辭典，這個用法並無問題；況且這題目開宗明義要求考生尋找「邏輯錯誤」，配詞或語法失當皆不算在內。

15. 選出**沒有**犯邏輯錯誤的句子。

A. 這所小學的學生全部升讀本地的中學，只有一個將會入讀英國的中學。

B. 在學校校長的推薦下，林小華將出發到武漢參加為期五天的文化交流活動。

C. 假設學校禁止攜帶及使用手機，學生便會開始反抗，然後使學校陷入混亂，最終導致所有學生無法學習。

D. 如果學校給予學生更多言論自由的權利，那麼學生就會在課堂上討論極端主義思想，學校將陷入動盪，導致校園的暴力事件。

答案	B.
	在學校校長的推薦下,林小華將出發到武漢參加為期五天的文化交流活動。
答案分析	A 選項的內容自相矛盾,表達的訊息並不一致。既然有一個學生入讀英國的中學,便不能說「全部」升讀本地的中學。
	C 選項的內容是誇大了所有事情的因果關係。首先,學校禁止攜帶及使用手機未必會令學生反抗;即使學生反抗,只要校方應對得宜,學校亦不一定會陷入混亂。
	D 選項句子所犯的邏輯錯誤跟 C 選項相同,誇大了每一個過程的後果 —— 先是言論自由會激發極端主義思想的討論,之後單純的討論會令學校陷入動盪,繼而引致暴力事件。這明顯是完全不符合邏輯的錯誤推論。

句子辨析題型解析

Chapter 05

詞句運用題型解析

　　詞句運用是中文運用試卷的最後一部分，佔了 15 條題目之多，比例約為整張試卷的三分之一，顯然十分重要！根據公務員事務局官方說明，這部分旨在測試考生對詞語及句子運用的能力。換言之，有別於此前評估考生能否辨別出錯處的試題，詞句運用更講究考生能否合乎規範且正確地使用字詞和組織句子，這正正是公務員編撰政府文書時的必備技能！

5.1 掌握三大類題型

詞句運用這部分的題目主要測試考生使用詞語和句子的表達能力，題型變化不多，一般會以填充（Fill in the blanks）或排列句子順序這兩種形式出現。相信大家不會對這兩種題型感到太陌生，因為實際上有點像我們在香港讀書時，在幼稚園或小學時期經常面對的中文科作業。

以下透過公務員事務局網站上的三條例題，來說明詞句運用中的三種題型：

官方例題

> **1. 我們自小青梅竹馬，地理上的 ＿＿＿＿＿＿＿＿ 並沒有令我們產生隔膜。**
>
> A.　　阻礙
> B.　　隔閡
> C.　　隔膜
> D.　　阻隔
>
> 答案：D

第一題這類題目為選字填充，考生需要在了解前文後理之後，再選出正確的字詞。在這類題目中只有一個正確和三個錯誤的選項，毋須在多個意思上都正確的選項中選取最佳（或最適合）的答案。

由於題目和選項的字數都不多，所以其實只要把四個選項放在題目漏空位在心中默唸一遍，相信對於以中文為母語的本地考生而

言，憑着自小讀寫講中文鍛練出來的語感，不難辨別出正確答案，或用排除法撇除讀起來怪怪的答案。

官方例題

2. 「人生如戲。」人人都會這樣說，但是 _____：不要以為人生如戲，Q 就可以不必認真；就是因為是一場戲，無論是大小演員、台前幕後，也要認認真真的，合力做一齣人生的好戲。

A. 戲不是人人能演的
B. 劇目個個不同
C. 角色大小有別
D. 這句話的意義不是人人明白

答案：D

　　第二題這類題目與上一條例題差不多，只是題目的長度會較長，例如句子較多，甚至成為一個小段落，至於答案選項則為短句（而非第一題般的詞語）。面對這類題型，因其篇幅字數較多，如像上一題的做法般把答案都試着默唸一遍，只會費時失事。建議考生更認真和仔細地閱讀短文的內容，才能快速選取符合前文後理的正確選項。

---

3. 選出下列句子的正確排列次序。

❶　　其他成員包括政府人員及業外人士
❷　　管委會的成員主要包括中醫藥業界人士
❸　　負責執行各項中醫藥規管措施
❹　　香港中醫藥管理委員會是一個獨立的法定組織
❺　　在「自我規管」的原則下

A.　❷❶❹❺❸
B.　❹❷❶❺❸
C.　❹❸❺❷❶
D.　❺❹❷❶❸

答案：C

　　第三題這類題目需要考生選出句子的排列次序。題目會列出幾個短句，考生要按文理通順選取正確的排序（錯誤的排序會令文意不通）。題目中的選項都不會提供標點符號，故無法借此作為提示來推敲次序。由於在嘗試不同排列的組合之際，都需要花一定的時間閱讀，建議考生將這部分題目放在測試的較後段才處理，以免在考試前段便花費太多時間，影響作答其他題目的時間分配。

　　事實上，詞句運用的三類題型，都是本地學生讀書時期的中文科常見題目，應對技巧大同小異，故以下章節會直接提供模擬題目供考生操練，同時在各題之後也會作出分析，幫助考生了解題目原理並改善應對技巧。

1. 她準備在今日晚餐時跟大家＿＿＿＿＿＿她即將結婚的好消息。

A. 公報

B. 公布

C. 公告

D. 報告

答案	**B.**
	公布

答案分析	「公布」是解作「公開宣布」，她在晚餐時「公開宣布」一個消息，是文義通順的寫法。這裏補充一下，「公布、宣布」也有很多人寫成「公佈、宣佈」，意思相通，亦皆正確。不過，香港政府內部語文規範是使用「公布、宣布」，不用「公佈、宣佈」。
	A 和 C 選項在意義上與正解不同——「公報」和「公告」都是名詞，本質就不適合在這句子中使用（這句子中欠缺的是動詞）。
	而 D 選項的「報告」則可以兼作動詞或名詞之用，在作為動詞使用時含有正式陳述的意思，通常用於向群眾宣布消息的狀況，或下級向上級提交訊息的時候。由於我們在原句看不到「她」和「大家」之間有沒有上下級關係；按照常理推斷，「結婚」不會是一個要公開正式宣布的資訊，而更像是私人間的消息分享，因此「報告」顯然不是這一題的正確答案。

2. 比賽已於昨日_____報名，公司不會處理今日收到的申請表。

A. 截至
B. 截止
C. 終止
D. 終結

答案	B.
	截止
答案分析	「截止」解作到一定的期限便停止，是正確答案。
	這裏比較多考生選錯的應該是 A 選項。
	「截至」和「截止」在讀音和意思上都十分相似，表示某個時段的結束。但前者適用於未完結的事情，常見的例子有在選舉當日的新聞通常會用「截至」某一個時段的投票率，如「截至今日下午三點，全港投票率達四成三……」，這字眼只會在投票時間未完結時使用。而「截止」在同一日的使用方法則為表示投票完結，如「政府已於晚上十時截止投票，未到票站的選民可以不需要再趕往票站。」
	基於原句想表達的是報名完結，所以「截止」才是正確的答案。
	至於「終止」或「終結」報名，讀起來都怪怪的，根本不是我們日常會使用的句式。

3. 他在女兒的生日舞會上＿＿＿＿＿成為王子，真是好爸爸。

A.　化裝
B.　變化
C.　化妝
D.　妝扮

答案	A. 化裝
答案分析	「化裝」的意思是為了切合所扮演的角色形象而進行特別改裝，方法包括化妝或改變裝束。 另一個比較容易令考生出錯的 C 選項「化妝」，這詞語是單純地指靠化妝品美容，跟以「化裝」為目的之「化妝」截然不同——「化裝」是指一個人為了模擬一個角色，而利用「化妝技巧」令自己外觀變得跟想扮的角色更相似，又或者是為了扮成醜陋角色而利用「化妝技巧」將自己變醜。

4. 小麗一畢業後就收到幾間公司的聘請書，真不知道她會如何＿＿＿＿＿。

A.　選項
B.　選擇
C.　抉擇
D.　決擇

CRE 中文運用測試實戰攻略

答案	B. 選擇
答案分析	「選擇」是最適合題中句子的選項。 有些考生可能會以為 C 選項「抉擇」是比較亮麗的詞語，而且跟「選擇」詞義相通，亦可以是答案，其實不然。 雖然兩個詞語都有「挑選、揀選」的含意，但「選擇」可以用在二選一和多選一，或在多項選項中揀取多項的意思；至於「抉擇」的「抉」字解作「剔除」，即排除不要的選項只擇其一，故「抉擇」一詞通常只用於二選一的情況。 由於題目中的句子提到小麗收到幾間公司的聘請書，涉及兩個以上的選項，所以含有二選一意思的「抉擇」並非正確答案。 餘下的 A「選項」是名詞，而題目漏空位應填寫動詞；而 D「決擇」是特殊用詞，亦不含有選擇的意思，故這兩個選項都不正確。

5. 無論比賽＿＿＿＿＿＿＿＿如何，只要我們盡力，就無愧於心。

A. 結果
B. 成果
C. 成就
D. 後果

答案	A. 結果

答案分析	「結果」是最適合題目句子的選項。 C 選項的「成就」顯然讀不通，單靠語感已可排除。餘下 A、B、D 三個選項都是指事情最後的狀態，分別在於 A「結果」是中性詞語，B「成果」是帶褒義的正面詞語（「成」通常用於「成功」、「成就」等的配詞，皆含正面意思），而 D「後果」則屬於負面詞語（譬如做了錯事所帶來的後果，亦即不良的影響），多用於貶義。 回看題目的句子中，賽果勝負未知，所以不應該使用褒義或貶義詞語，而應使用屬於中性的「結果」。

6. 發展綠色經濟一直是政府近年的工作重點之一。中國響應《巴黎協定》，發揮領導作用，承諾於 2060 年前實現碳中和。二十一世紀已經踏入第三個十年，是 _____。在未來，世界將要面對的挑戰更包括氣候變化、自然損耗和極端天氣等等。

A. 對地球至關重要的十年
B. 我們都要重視的十年
C. 政府實現目標的時候
D. 《巴黎協定》簽署的二十個年頭

答案	A. 對地球至關重要的十年

	來到第二類題目——變成長段落及選項變成短句子的題目,難度大幅提高,而且題目設定通常都是開放式的——不會有明顯的絕對正確或錯誤選項。以此題為例,四個選項放在段落的漏空位置,在語法、句意上均沒有讀不通。或許有人會認為 C 和 D 選項在承接上文下理時無甚關連,但若真要連成一篇文章亦不算是錯,只是會令文章的水平從「好」降格為「普通」。
答案分析	考生要懂得選出最佳答案,就要學會看懂前文後理。
	當選項中的句意不是段落重點,或選項的句意都相近,考生就要靠題目中其他句子的角色和功能去推斷答案了。
	就此題目的段落作出解讀:第一、二句的重點角色是「中國、政府」;而漏空須填補的第三句,答案四個選項的潛在重點(即主語)分別是「地球、我們、政府、《巴黎協定》」;接着看第四句的重點角色為世界。從中國、政府到世界,可知悉作者是按着由小至大的層次推進文章內容。考生由此可推斷出在中間的角色不會是「我們」,亦未必會重複「政府」,配合之前分析過 C 和 D 選項句無助承接上文下理的內容,可排除掉。最終餘下只有 A 選項有可能是答案。
	考生只要將揀選的短句套入內容,確認文句、語意是否通順和匹配,就可明白唯有 A 選項適合。

7. 每個人都有自己的生活,不要因為被否定而對自己失去信心,或以世俗的方式定義自己的價值,如入息、工作、年齡、婚姻、子女等。很多內心強大的人都不需要 _____,自有一套適用於自己的價值觀。

A. 做一個成功的人

B. 爭取他人的支持

C. 受制於外界的評價

D. 入息很高、擁有專業的工作、健康滿滿、婚姻美滿、兒孫滿堂

答案	**C.** 受制於外界的評價
答案分析	題目文本的主旨是帶出人不應該受限於外界目光或標準，但不是為「成功」下定義，所以 A 選項不太適合放在題目段落中的漏空位置。而 D 選項的短句，在內容上可呼應文本中「世俗的方式」的各種「定義價值」，雖然不算是錯，但短短幾十字的段落就要佔上那麼長的篇幅重複舉出例子，實非可取。 換句話說，餘下 B 和 C 選項都有機會是更適合的答案。 其中，B 選項「爭取他人的支持」，在文意上稍遜於 C 選項，呼應段落中提到的「定義價值」，「他人支持」的規模明顯比「外界評價」為低，後者是層級更高的用詞。而在行文上，「爭取他人的支持」屬於正面用詞，惟緊接在前面的是「不需要」，整句未免顯得略為偏激；相反，「受制於外界的評價」屬於負面用詞，前接「不需要」則可達到負負得正的效果，為文章風格帶來正面效果，因此 C 選項是更適切的答案。

8. 生活中有很多讓人困惑的事情。當我們以為平等、人權是普世價值，有人不同意。當我們認為婚姻比戀愛堅固，已婚的朋友抱怨婚姻不可靠。_____？為了弄個明白，我們在想，但想破頭也想不通，人生中大多數事情都沒有答案。像小時候喜歡在街上尖叫一樣，沒有理由，只是想做便做。時間有限的人類，智慧有限的人類，就別再糾纏於想不通的事情了。

A. 有正確答案嗎

B. 晚上睡得着嗎

C. 你相信婚姻嗎

D. 你認為呢

答案	A.
	有正確答案嗎

心靈雞湯式文章（雞湯文）屬於很百搭又常見的題目素材。在文章中隨時加插一句半句反問，藉以引發讀者自省，就是很典型的雞湯文模式。

雞湯文的反問句通常暗地裏有着已知答案，並非開放式答案。以此題為例，短文中提到種種生活中令人困惑的事情，其實都不會有正確答案。而 B、C、D 選項各自代表的「晚上睡不睡得着」、「讀者相不相信婚姻」、「讀者的看法」都不是文章作者所知道的，不會有已知答案，所以都不適用於題目的文本。

當作者在文章開首提出兩個有爭議、有矛盾的例子，之後問：有正確答案嗎？讀者心中自然會答沒有，作者就可以繼續發揮內容：沒有正確答案，所以人們想破頭也想不通⋯⋯A 選項顯然就是正確答案。

答案分析

又，按照文意分析，作者在漏空位置之前，提出了兩個懸而未決的哲學問題，下一步斷然不會跳脫地以 B 選項問讀者晚上睡得着嗎。而 C 選項反問讀者是否相信婚姻看似是承接前文內容，但考生要注意文本的主題並非探討婚姻，而是人生中種種令人困惑、想不透的事，婚姻只是其中一個例子而已，所以作者實在毋須再花筆墨去引導讀者思考婚姻。

就 D 選項而言，是無可無不可的百搭反問句，就算放在文本中任何一句的前後都沒有很明顯錯誤，但在此題中就不是最佳答案。因為文本開首提過的主旨清晰，作者若在填空處問「你認為呢」，容易誤導讀者去思考前文緊接的普世價值、婚姻，而非人生中的令人困惑、想不透的事情。

結論是 B、C、D 三個選項都不是適合的答案，只能選 A。

詞句運用題型解析

9. 選出下列句子的正確排列次序。

❶ 在高峰時期，本地賭檔一度多達二百餘家
❷ 1847 年，澳門的博彩業在葡萄牙的管治之下成為合法的娛樂產業
❸ 澳葡政府曾對博彩場所實行發牌制度
❹ 不再發出博彩專營權
❺ 澳門回歸後，澳門特別行政區政府打破博彩業壟斷局面

A. ❷❶❹❺❸
B. ❹❷❶❺❸
C. ❷❸❶❺❹
D. ❺❹❷❶❸

答案	C. ❷❸❶❺❹
答案分析	先小試牛刀，這是一條相對較簡單的題目，因為句子內容其實包含了時間性—— ❶ 在高峰時期，本地賭檔一度多達二百餘家 ❷ **1847 年**，澳門的博彩業在葡萄牙的管治之下成為合法的娛樂產業 ❸ **澳葡政府**曾對博彩場所實行發牌制度 ❹ 不再發出博彩專營權 ❺ **澳門回歸後**，澳門特別行政區政府打破博彩業壟斷局面 就 1847 年博彩業合法化，澳葡政府實行的發牌制度，到澳門回歸後是很明確的時序，考生馬上可以透過句子所提及的時間排出❷ ❸ ❺的順序。之後，考生只要稍稍分析❶和❹是哪一個時間點的補充內容，就可以推導出正確答案了。 當然，真正的中文運用測試中未必會有如此直白又簡單的題目，**排列句子順序的題型選項，除了時間關係，更可能涉及因果關係、地理關係**，甚至其他更具挑戰性的內容，考生可以多試做模擬題目，盡量加深了解。

10. 選出下列句子的正確排列次序。

❶ 講述現實世界中的女醫生偶然地進入了人氣漫畫的世界

❷ 這套韓國電視劇題材十分新穎有趣

❸ 收視率亦領先其他同時段的劇集

❹ 一播出就引起全城熱話

❺ 與漫畫中的男主角相遇後發生往來現實和虛幻漫畫世界中的故事

A. ❷❶❺❹❸

B. ❹❷❶❺❸

C. ❷❸❶❹❺

D. ❺❹❷❶❸

答案	A. ❷❶❺❹❸ 假設考生順着試卷的題目次序作答，來到語句運用這一部分已是整場測試的尾段，解決了前面多條試題後，腦袋發脹是正常的。然而，這部分的題目又出現了一堆不知所以然的文字，對於讀到這一頁的考生着實是一大折磨。加油！捱多幾題就考完！多看、多練習幾題，把出題的理念和解題技巧都摸清楚就功德圓滿了。 **若考生不想閱讀太多文字，就要學會篩選重點。**撇除上一條題目的句子內容含有時序性，對語文能力要求較低，這類**句子排序的題目**其實亦可靠着中文能力和技巧[1]解決。

---

1 假如考生不是順序閱讀本書，而在中文運用測試前又有足夠的溫習時間，建議考生先讀本書第四章講解句子辨析的題目，特別是當中有關於句子結構的內容，再讀應考排列次序的題目，會事半功倍。

答案分析	本書第四章提過，一個句子（或一篇文章）的主語就是主角。在應付這條句子排序題目時，考生先要找出各選項中的主語——不用細讀，考生從「講述」、「電視劇題材」、「收視率」、「播出」、「男主角」等這些關鍵字眼，大概可以猜到題目內容的主角是「這套韓國電視劇」。由於❷擁有主語，就是首句。 跟着使用選擇題的常用技巧——排除法，刪除錯誤的答案。由於已確認❷必須排在第一，故只有 A 和 C 選項可留下來。 進一步細看下去，就要尋找句子中的配詞——「講述」配「故事」，「女醫生」配「與漫畫中的男主角相遇」，❶和❺是相連的，在 A 和 B 的選項中就只有 A 的選項中的排序有❶和❺是相連的，所以 A 就是答案了！ 當然，視乎作者採用不同的修飾技巧，上述這套解題方法未必適用於全部題目，考生最後要確認答案，最好的方法還是根據選取的答案順序讀一次句子，確認文理是否通順—— ❷ 這套韓國電視劇題材十分新穎有趣 ❶ 講述現實世界中的女醫生偶然地進入了人氣漫畫的世界 ❺ 與漫畫中的男主角相遇後發生往來現實和虛幻漫畫世界中的故事 ❹ 一播出就引起全城熱話 ❸ 收視率亦領先其他同時段的劇集 五句一氣呵成，這就是正確答案了。

11. 選出下列句子的正確排列次序。

❶ 曾經站在百德新街的廣場中忐忑等你赴約

❷ 今天的我終於可以在微風中舉步

❸ 不再受誰影響

❹ 見證來來往往的愛侶親密或爭吵卻獨欠你的影子

❺ 你的失約落實你不再屬於我的事實

A. ❸❺❶❷❹

B. ❹❷❶❺❸

C. ❶❹❺❷❸

D. ❶❸❺❷❹

答案	C. ❶❹❺❷❸
答案分析	有考生可能會見到❶ ❷的句子中有「曾經」和「今天」，然後根據前面題目分析時教過的排時序技巧，馬上把 B 這個將❷「今天」排在❶「曾經」後面的選項排除掉。雖然對這題而言不是錯誤的，卻不是正確的做法。 原因是文體有分別。之前提到有時序性的題目，其內容是講述澳門博彩業歷史的短文，是陳述事實，理所當然地用的是順序。但這題句子的內容重點很明顯是抒情，為了更理想、更有意思地表達情緒，作者可以使用倒敘法或插敘法等等，令按照時序來解題的方法不奏效。 因此，考生在**作答時亦必須考慮題目內容的文體，跟着再靈活地選用本書提供的各種解題技巧。** 本書的第四章提及，在某些特定情況下，中文句子是可以沒有主語的——其中一個情況就是主語是作者本人。如文章或句子的內容是撰寫作者自身感受或經歷，就不必在文章開端及每一句句子中加入主語。這正正體現在此題的文本上。

那麼，既沒有時序，又沒有主語，考生豈不是要逐字閱讀去了解文意再排序？這當然是解題的硬方法。但是，攻略之所以為攻略當然是要為考生提供更快捷的技巧。沒有主語，就找謂語——

❶ 曾經站在百德新街的廣場中忐忑等**你**赴約
❷ 今天的我終於可以在微風中舉步
❸ 不再受誰影響
❹ 見證來來往往的愛侶親密或爭吵卻獨欠**你**的影子
❺ **你**的失約落實你不再屬於我的事實

馬上看到，❶ ❹ ❺都是關於「你」的內容，只有 C 選項是將❶ ❹ ❺排列在連續的順序，C 很大機會就是正確答案了。考生在這個時候可以按照 C 選項的順序讀一次短文，確認文意通順即可。

當然，在真正的中文運用測試中，可能出現魚目混珠的選項，譬如有多於一個選項是把❶ ❹ ❺連續排序的。這時考生就要進行下一步的推斷——餘下的❷和❸應如何排列。

❷ 今天的我終於可以在微風中舉步

❸ 不再受誰影響

以上兩句放在一起，相信有基礎中文能力的考生已能夠看出❷ ❸這個順序。而要決定❶ ❹ ❺和❷ ❸哪一組排前，哪一組排後，則要從句子中尋找具影響力的關鍵字了——❷ ❸句子中的「終於」和「不再」，都在顯示其時間性屬較後的階段，應該排在其他事情之後。於是，考生可以得出❶ ❹ ❺ ❷ ❸ 這個正確排序。

此題還可進一步提高難度，譬如答案選項中出現排序相近的❶ ❺ ❹ ❷ ❸，這個看起來也有一定的可能性。再作推論，關鍵是❹ ❺的次序，由於❶ ❹的主語都是作者，❺的主語是「你」，❶ ❺ ❹的次序將導致主語反覆變易，連帶使文意極不自然，顯然不是理想的答案，可排除掉。

12. 選出下列句子的正確排列次序。

❶ 假想實驗是指運用想像力進行的實驗

❷ 一輛失控的列車在分叉鐵軌上行駛，在列車前進的一條軌道上有五個人被綁起來躺在一起，另一條軌道上則有一個人

❸ 假想實驗所做的實驗通常是在現實中未能做到的，有機會是技術原因或道德原因

❹ 你會扭轉方向盤，則列車將切換到另一條軌道上使列車壓過一個人，還是甚麼也不做，讓列車繼續前進碾壓過五個人

❺ 著名的倫理學的思想實驗例子「有軌列車問題」，內容是

A. ❸❺❶❷❹
B. ❹❷❶❸❺
C. ❷❸❶❹❺
D. ❶❸❺❷❹

答案	D. ❶❸❺❷❹
答案分析	先觀察各選項的主角，❶❸的主語都是假想實驗，行文上通常是先定義，再闡述說明，所以❶❸這個順序基本已是定案。 餘下❷❹❺的關鍵詞都跟列車／電車有關，應該放在同一組處理。❺的內容承接上一組關鍵詞的假想實驗，而結尾的「內容是」亦顯示這句句子是未完成的，❺❷❹的順序十分明顯。 考生將唯一同時擁有這兩組順序的 D 選項讀一遍，即可確認這是答案了。

Chapter 06

CRE 中文運用測試
模擬考卷

　　閱畢本書前面各章節後，相信讀者們都已經對 CRE 中文運用測試的題型有一定的理解，倘若有遵照筆者的建議，先自行思考試填答案，才再看解題分析，那麼考生應該能明白自己有哪些弱項必須惡補。本章將會提供三份中文運用測試的模擬考卷，大家宜藉此測試能否在限時 45 分鐘內完成。

6.1 模擬考卷一

文章閱讀（8 題）

　　1. 2019 冠狀病毒病爆發的疫情長達三年，口罩是當年每人每日的標準配備，港人在這段時間內耗用了多少口罩，實在難以統計。香港總人口約 750 萬，當中的勞動人口佔約 400 萬，以每人每日一個口罩用量作估算，疫情期間每日耗用的即棄口罩達數以百萬。

　　2. 以全港每日耗用 400 萬至 600 萬個口罩，每個口罩重約 2 至 3 克估算，每日棄置在堆填區的口罩量將重約 10 至 15 公噸。根據 2021 年的固體廢物監察報告，都市固體廢物的棄置量為平均每日 11,358 公噸，由此估算在疫情期間即棄口罩佔都市固體廢物在堆填區的棄置量約千分之一。

　　3. 即棄口罩主要材料為塑膠材料，包括不織布、過濾層、橡筋等，而廢塑膠為都市固體廢物的第二大成分，根據上述 2021 年的報告，每日棄置在堆填區的廢塑膠約為 2,331 公噸。以廢塑膠的棄置量計算，在疫情期間即棄口罩的棄置量約佔千分之五。

　　4. 絕大部分的即棄口罩都是以各種難以分拆的複合物料製成，所以它們不宜回收或混入回收桶內，以免污染其他可回收物料。

　　5. 在醫院或衛生場所使用過的廢棄口罩會被視為醫療廢物，送往化學廢物處理中心，以高溫焚燒處置，所產生的煙氣亦會經過空

氣污染控制設施處理，確保符合排放標準，以保護環境。

6. 至於一般個別市民所用的口罩，主要會視為家居垃圾，經廢物收集車輛送到堆填區棄置。本地的堆填區以全密封式設計及建造，設有多層合成防滲透墊層系統，覆蓋整個地面，避免滲濾液滲入地底。每日完成收集廢物後，承辦商會於廢物傾卸區的傾倒面上蓋上一層約 150 毫米的泥土，再噴灑一種礦物砂英泥漿塗料以確保環境衛生和防止氣味外洩。另外，堆填區內產生的沼氣亦會經預設的氣體收集系統收集善用，轉廢為能。在堆填區厭氧消化及密封的情況下，家居廢物的分解過程會產生熱能，提高堆填區內的溫度，有助殺死細菌及病毒。

7. 然而，無論如何，棄置口罩在同時亦已成為海洋垃圾的來源，衝擊海洋生態。雖然疫情已大幅減退，香港各個海灘仍不時傳來棄置口罩釀成的環境災情。在過去三年使用的口罩除了_____感染風險外，其本質不利自然分解，加上造型酷似水母，容易被海洋生物誤食。當這些棄置在海洋的口罩分解成塑膠微粒，導致嚴重的微塑料污染，經過時日在食物鏈累積，最終也會對人體造成傷害。

1. 以下哪一項最適合填入文中第 7 段的畫線處？

A. 暗藏
B. 隱蔽
C. 埋伏
D. 掩蓋

CRE 中文運用測試實戰攻略

2. 以下哪一項不是作者用作估算香港人在疫情期間使用口罩情況的假設？

A. 每個勞動人口每日使用一個口罩。
B. 非勞動人口每日使用少於一個口罩。
C. 全港每日耗用 400 萬至 600 萬個口罩。
D. 香港人使用即棄口罩。

3. 作者引用 2021 年的固體廢物監察報告的數據以說明以下哪一項事實？

A. 在疫情期間，都市固體廢物的棄置量比往年有增長。
B. 在疫情期間，即棄口罩佔都市固體廢物在堆填區的棄置量約千分之一。
C. 在疫情期間，廢塑膠佔都市固體廢物在堆填區的棄置量約五分之一。
D. 都市固體廢物的棄置量為平均每日 11,358 公噸。

4. 以下哪一項為文中有提及的處理醫療廢物的方法？

A. 經廢物收集車輛，直接送到全密封式的堆填區棄置。
B. 以高溫焚燒處置，過程中產生的熱能被轉廢為能。
C. 先以約攝氏 1,000 度的高溫焚燒處置，殺死細菌及病毒。
D. 送往化學廢物處理中心處置。

5. 根據本文內容，以下哪一項正確描寫香港人在疫情期間使用口罩所帶來的結果？

A. 即棄口罩混入回收桶內，污染其他可回收物料。
B. 即棄口罩對環境的傷害是永久性的。
C. 廢棄口罩被視為家居垃圾是正確的處置方式。
D. 市民了解使用可重用口罩比使用即棄口罩對環境的好處。

6. 作者想藉本文第 6 及第 7 段說明以下哪一項？

A. 市民使用的口罩被視為家居垃圾。
B. 本地堆填區的設計及運作模式。
C. 市民所棄置的大量口罩構成污染問題。
D. 口罩的造型設計及製作物料問題。

7. 根據本文內容，作者認同：

A. 疫情已經過去。
B. 市民應該使用可重用口罩。
C. 每人每日使用一個口罩是正常的做法。
D. 香港的勞動人口佔總人口超過五成。

8. 本文意在帶出：

A. 疫情對環境和生態的影響。
B. 丟棄口罩對環境和生態的影響。
C. 市民應重視丟棄口罩對環境和生態帶來的影響。
D. 市民應補救丟棄口罩對環境和生態帶來的影響。

片段／語段閱讀（6 題）

　　廢物轉化能源指的是利用堆填沼氣、厭氧分解及熱處理等技術，把固體廢物中蘊藏的能量轉化為熱能或電能。透過廢物轉化能源，廢物的體積將可縮減近九成。現代化的焚化技術，符合國際的排放標準，均配置污染消減的設備。焚化技術產生的熱能和電力，同時能減少對化石燃料的使用及依賴，減少溫室氣體排放。以焚化形式處理廢物所需的土地比堆填區所需的更少，對香港這個土地有限的地方而言，是一種可持續的廢物處理方法。

9. 這段文字意在說明：

A. 廢物轉化能源是可持續的廢物處理方法。
B. 廢物轉化能源是百利而無一害。
C. 廢物轉化能源適用於香港。
D. 廢物轉化能源適用於香港但尚未實行。

　　不同性別、年齡的心有各自適合的顏色；不同的顏色亦有專屬的性格——黑色，象徵着嚴肅、正式、大膽、高貴、權威、時尚。以黑色為主的商標代表專業，不求一眼抓住客戶眼球，反而讓時間慢慢成就永恒的實力，讓品牌扎根客戶心中。

10. 這段文字意在說明：

A. 不同的人喜歡不同的顏色。
B. 黑色代表專業。
C. 以黑色為主的商標可以讓品牌扎根客戶心中。
D. 以黑色為主的商標可為品牌建立專業的形象。

熱氣球是航空器的一種，配有用作填充氣體的球狀袋子，當注入密度較空氣小的氣體後，藉此產生浮力，令熱氣球浮升。熱氣球一般不附設推進裝置，是以娛樂用途為主的交通工具。

11. 這段文字主要說明：

A. 熱氣球的作用。
B. 熱氣球的歷史。
C. 熱氣球的原理。
D. 熱氣球的外型。

空中交通管制人員罷工對飛機航班運作帶來嚴重影響。在一般情況下，空中交通管制人員負責監控和調度飛機的起降及航行，以確保航空安全。當空中交通管制人員罷工，當地的機場沒有足夠的人員來指揮和協調航空交通，航空公司在沒有選擇下，只可以取消、延後航班，或改變航班路徑，令乘客的飛行計劃受到干擾。

12. 對這段話，理解不準確的是：

A. 空中交通管制人員的工作對飛機的航班正常運作有決定性影響力。
B. 空中交通管制人員負責指揮和協調航空交通。
C. 乘客的飛行計劃有機會被空中交通管制人員罷工所影響。
D. 空中交通管制人員罷工是對乘客不負責任的行為。

這個世界有兩類人 —— 第一類是聽天由命，相信萬事由上天注定，人出生下來就已定了的時辰八字、風水、祖先等因素，會影響其人生走向；另一類則是相信人定勝天，自己的選擇和付出將決定自己人生的發展和結果。

13. 作者期望透過這段文字帶出：

A. 人定勝天，人有能力決定自己的人生。
B. 上天會決定好人的一生。
C. 兩類性格不同的人有何分別。
D. 這個世界只有兩類人。

根據《未來十年全球娛樂及媒體行業展望》，香港的電影票房收入從 2022 年起錄得按年增長，反映本地的電影業已逐漸從新冠疫情的影響中恢復。同時，政府亦承諾通過香港電影發展局設立新的基金資助或投資本地電影製作，以促進本地電影業的長遠及健康發展。

14. 作者引用《未來十年全球娛樂及媒體行業展望》指出：

A. 香港電影業的發展愈來愈好。
B. 香港有更多電影上映。
C. 政府會資助本地電影製作。
D. 香港的電影票房收入有增長的趨勢。

字詞辨識 （8 題）

15. 請選出沒有錯別字的句子。

A. 政府動用逾千萬元，為立法會選舉大肆宣傳。
B. 任何人士不得妄顧後果或疏忽地引致或容許無人機對他人或財產安全構成危險。
C. 作為流行音樂的先軀，他的歌在樂迷心中有不可撼動的地位。
D. 海關加強巡邏後，販賣盜版光碟的店舖顯著減少。

16. 請選出沒有錯別字的句子。

A. 具有正式學籍的學生，修業滿一年以上，未學完教學計劃規定課程，而中途退學者，可取得肆業證書。
B. 日常生活中，紙可用於壁紙、油傘、紙扇、紙紮用品等。
C. 香港在去年舉行度海泳比賽，參賽者要游過維多利亞港。
D. 政府派代表出席以「粵港澳大灣區」為主題，美化旺角政府合署外行人通道工程的峻工儀式。

17. 請選出沒有錯別字的句子。

A. 金融海嘯發人深醒，年青人應汲取教訓，能屈能伸，學習逆境自強，克服危機。
B. 喧染暴力的卡通片對小朋友的心靈發展有負面影響。
C. 大學之道，在明明德，在親民，在止於至善。
D. 網店減價其間，所有貨品均半價發售。

18. 請選出沒有錯別字的句子。

A. 現時，機頂盒及相關應用程式五花百門，廣泛應用於電視、智能手機、平板電腦及電腦，是網上生態環境不可或缺的部分。
B. 希臘神話除了有眾多性格迥異的神祇，亦有凡人和英雄的故事。
C. 這位女仕是晚宴的主角，一出現就吸引全場的目光。
D. 觀眾跟隨記者鏡頭，以第一視角經歷矚目驚心的世紀災難。

19. 請選出下面簡化字錯誤對應繁體字的選項。

A. 繩→绳
B. 縫→缝
C. 鏈→链
D. 鍊→练

20. 請選出下面簡化字錯誤對應繁體字的選項。

A. 備→备
B. 傷→伤
C. 傳→伝
D. 儀→仪

21. 請選出下面簡化字錯誤對應繁體字的選項。

A. 發→法
B. 東→东
C. 變→变
D. 獨→独

22. 請選出下面簡化字錯誤對應繁體字的選項。

A. 於→于
B. 係→系
C. 劍→剑
D. 礎→楚

句子辨析（8題）

23. 選出有語病的句子。

A. 她不單只工作表現比其他同事差，工作態度也不好，絕不適合在公司長遠發展。
B. 公司一般會先向兼職的員工發放交通津貼。
C. 訪問團前往社區大樓參觀，了解大樓為居民和遊客提供的一系列設施。
D. 及早識別和適時輔導有言語障礙的學生有助提升他們的言語能力，使他們在課堂上更有效地學習。

24. 選出有語病的句子。

A. 貨物及雜物非法霸佔或阻礙街道的問題一直廣受市民關注。
B. 政府設立特別組織，負責打擊恐怖分子的資金籌集活動。
C. 出版商希望印刷彩色書籍，畫面的設計更吸引，內容也更富趣味。
D. 隨着疫情持續受控，社會各界已進入復常的新階段。

25. 選出有語病的句子。

A. 部門因去年的影印費大增，提醒大家適當地使用環保紙，以節省消耗。
B. 市民應每星期至少一次以鹼性清潔劑擦洗溝渠和排水明渠，除去可能積聚的蚊卵。
C. 任何人不得屠宰任何狗隻或貓隻以作食物之用，不論其是否供人食用。
D. 電影業是一個地方的軟實力，是推動經濟的新動力。

26. 選出有語病的句子。

A. 倪匡在六十年代初開始用筆名「衛斯理」寫科幻小說，在《明報》副刊連載，寫作範圍極廣，包括武俠、科幻、奇情、偵探、神怪和推理等題材。

B. 閣下使用本公司服務、提交申請或瀏覽本網站時，即表示理解及同意本公司按本聲明中所概述關於收集及使用閣下的個人資料的方式。

C. 本報告共分析七萬名曾參與去年香港中學文憑數學科考試的考生資料。

D. 這輛專線小巴只在早上營運，大部分乘客都是學生，也有小學生。

27. 選出有語病的句子。

A. 為回應市民大眾的關注，政府早前已提出一系列改善措施。

B. 在剛才我參加的論壇，政黨和市民的聲音我都聽到。

C. 2015 年尼泊爾發生近 81 年來最嚴重的地震，古蹟皇宮區的景點幾乎全毀，超過六千人死亡。

D. 超級英雄的傳奇故事受不少年輕人喜愛。

28. 選出有語病的句子。

A. 電車離開西營盤，緩緩地向東行駛，在嘈雜的街道中發出清脆的叮叮聲響。

B. 當人民的知識水平低，不理解科學時，就會對自然災害、生老病死產生無助的情緒。

C. 他不學無術，竟然指鹿為馬，以為這個外國人說的英語是西班牙語。

D. 熱帶氣旋的生成和發展需要三個環境因素 —— 海面溫度、大氣環流和大氣層，其能量來自水蒸氣凝結時放出的潛熱。

29. 選出沒有用詞不當的句子。

A. 老師今日狠狠地批評了我們班的考試成績，令我們都十分慚愧。

B. 我們公司收納科技專才，當中包括經驗豐富的技術人員、開發及各種測試服務的專家，以及研究及發展科技產品的專業人員。

C. 通貨膨脹指一個地方的整體價格或物價持續向上躍進的經濟現象。

D. 他今年三十六歲，是高度商業化社會中的天之驕子，是成功的典型、大眾羨慕的對象。

30. 選出沒有犯邏輯錯誤的句子。

A. 如果僱主無法提供位於工作地點附近的宿舍，便去我們的中央宿舍，即現時位於潭尾的宿舍。

B. 一個行業的工資升或跌，有時候亦要視乎該行業的盛衰，和香港經濟的上上落落。

C. 局方會研究有沒有空間，例如在車廠設置一些充電設施供公眾人士使用——這些範圍局方都會考慮，局方會與交通公司在這方面商討。

D. 局方現時提出的方案有充分的數據作為考慮基礎，同時亦顧及本地經濟最新的發展。

詞句運用 （15題）

31. 今晚的天色 ＿＿＿＿＿＿＿＿＿ ，難以看到月亮的光芒。

A.　矇矓
B.　濛瀧
C.　朦朧
D.　濛糊

32. 他願意將這幅得獎畫作借出展覽，為這個藝廊 ＿＿＿＿＿＿＿＿＿
不少。

A.　爭光
B.　增光
C.　增飾
D.　添色

33. 長洲的搶包山活動充滿地方色彩，聞名中外，希望這個傳統活
動可以一代一代 ＿＿＿＿＿＿＿＿＿ 下去。

A.　發揚
B.　流傳
C.　傳承
D.　承繼

34. 人際交往難免有摩擦，面對爭執，我們可以嘗試 _____，
_____，退一步海闊天空，社會亦變得更和諧。

A. 寬容待人　一笑置之
B. 海納百川　有容乃大
C. 嚴以律己　寬以待人
D. 勃然大怒　破口大罵

35. 侍應捧上這所餐廳的招牌菜 —— 紅燒扣肉，_____，
未食已經令人口水直流。

A. 縈繞於味蕾
B. 色香味俱全
C. 香氣四溢
D. 肉質軟嫩

36. 警方在 2004 年起推出 992 緊急短訊求助熱線，當聽障或語
言障礙人士 _____，如身體不適、交通意外、罪案、火警
等，而附近沒有人士可以代為致電 999，可使用手提電話發出短
訊，向警方求助。

A. 遇到緊急事故
B. 有需要的時候
C. 在緊急時期
D. 遇到困難

37. 很多人以結婚為人生目標，想人生的下半場有人做伴，卻不曾想過會變成有人「做絆」。一家兩口，擁有不同的生活習慣要食三餐度四季，＿＿＿＿＿＿＿＿，稍有不慎，另一半可能會成為苦惱之源，令人不想回家，以減少跟對方同處一室的時間，使人生下半場過得更累。

A. 不是想像中那麼簡單
B. 未必如想像中般美好
C. 如想像般浪漫
D. 學會如何與人生活

38. 每個人都有經歷低潮的階段，面對挫折失敗，有人可以乘風破浪，有人自此意志消沉。其實人生就如月亮有陰晴圓缺，＿＿＿＿＿＿＿＿，在黑暗中能看到星星閃閃的人一定能在困難前面找到解決方法，迎難而上。

A. 陰伏晴出、團圓虧損乃自然景象
B. 人有悲歡離合
C. 不過順應自然時序及四季寒暑
D. 天空愈黑，星星愈亮

39. 新詩是以白話文撰寫，形式有別於舊體詩詞，是五四文學革命下產生的詩體。經過多年發展後，新詩在藝術構思、表現手法等方面，繼承了中國詩歌的傳統，含蓄雋永；而新詩的體式則汲取了十九世紀歐美詩歌的成果，勻稱均齊，＿＿＿＿＿＿＿。

A. 出現了講求美的藝術特色
B. 呈現出一種耳目一新的風格體式
C. 成為了一個時代的文學載體
D. 絕對是音節鏗鏘、字句精練的佳作

40. 互聯網誕生於上世紀九十年代，將人類的學習和生活方式改得翻天覆地。互聯網打破了地域限制和知識的邊際，為人們帶來廣闊的資訊世界。使用者足不出戶，能知天下事，＿＿＿＿＿＿。互聯網縮小了物理上的距離，實現了「天涯若比鄰」。通訊便捷，促進社會、經濟和文化的發展，加速知識傳播，推動經濟增長和文化融合。互聯網革命改變了世界，超乎發明者的想像。

A. 網上世界廣闊無垠令人嘖嘖稱奇
B. 互聯網上的知識浩如煙海
C. 上至天文，下至地理，唾手可得
D. 資訊日新月異

41. 選出下列句子的正確排列次序。

❶ 當社會上有太多流通的金錢，但物資相對較少的時候，就會形成供過於求的現象
❷ 物資的相對價值則一直上漲，結果導致通貨膨脹
❸ 顧客用等值的金錢換取商店提供等值的物資
❹ 金融市場可以正常運作是因為「供求關係」
❺ 錢的價值愈來愈低

A. ❶❹❺❷❸
B. ❹❸❶❺❷
C. ❸❷❶❺❹
D. ❺❶❹❷❸

42. 選出下列句子的正確排列次序。

❶ 諾貝爾和平獎是按照一位瑞典發明家於 1895 年所立遺囑而創設的獎項之一

❷ 都視得到諾貝爾和平獎為莫大的光榮

❸ 而組織亦可以獲得諾貝爾和平獎

❹ 無論是個人還是組織

❺ 諾貝爾和平獎的宗旨是表彰為促進民族國家團結友好、取消或裁減軍備，以及為和平會議的組織和宣傳盡到最大努力或作出最大貢獻的人

A. ❶❺❸❹❷

B. ❺❹❷❸❶

C. ❶❸❷❹❺

D. ❺❶❹❷❸

43. 選出下列句子的正確排列次序。

❶ 至唐朝中期，士兵多逃匿避戰，管理府兵的部門在戰時無法交人

❷ 政府不得不停止徵發府兵，改行募兵制

❸ 府兵制是中國西魏時期開始實施的兵役制度，沿用至北周、隋、唐初

❹ 府兵制的特點可概括為「平時為民，戰時為兵；兵不識將，將不知兵」

❺ 府兵制前後歷時約二百年

A. ❶❺❸❹❷

B. ❹❷❸❶❺

C. ❸❹❶❷❺

D. ❹❸❶❷❺

44. 選出下列句子的正確排列次序。

❶ 考生通常會被告知在面試前的 30 分鐘到達面試地點，而這 30 分鐘的時間就是讓現場工作人員核對並收集以上提及的文件

❷ 根據以往的安排，考生會收到預約電郵邀請參加指定日期及時間舉行的面試

❸ 考生應避免遲到，以免影響整日的面試流程

❹ 在面試當日，考生需要在指定時間帶備證件相、香港身份證、紙本的預約電郵到達面試場地

❺ 考生要回覆電郵確認出席面試

A. ❷❺❹❶❸
B. ❷❹❸❶❺
C. ❷❹❶❺❸
D. ❶❹❷❸❺

45. 選出下列句子的正確排列次序。

❶ 醫生向城中知名的富商巨賈求助，希望在非常時期能得到對方體諒和慷慨解囊，卻被冷冷地拒絕

❷ 一場地震就把人性的醜惡面表露無遺

❸ 有醫院受災情影響，醫生打算把情況嚴重的病人送上火車，以便安置到別的城市，卻沒有足夠金錢購買車票

❹ 在危難關頭，我們依靠的往往是挺身而出的凡人

❺ 知悉情況的平民百姓紛紛向醫生捐助金錢，哪怕只有十元八塊；一家小飯店更義不容辭地端出大量食物，讓病人吃飽才走

A. ❶❺❸❹❷
B. ❷❸❶❺❹
C. ❷❹❸❶❺
D. ❸❶❷❺❹

[題目]

1.	A	16.	B	肆（肄）業； 度（渡）海； 峻（竣）工	31.	C	
2.	B	17.	C	深醒（省）； 喧（渲）染； 其（期）間	32.	B	
3.	B	18.	B	百（八）門； 女仕（士）； 矚（觸）目	33.	C	
4.	D	19.	D	「縺」並無 簡化字	34.	A	
5.	B	20.	C	傳→传	35.	C	
6.	C	21.	A	發→发	36.	A	
7.	D	22.	D	礎→础	37.	B	須呼應「一家 兩口三餐四 季」這個含正 面意思的語段
8.	B	23.	A	句子成 分重複	38.	D	
9.	A	24.	C	（書籍）內 容也……	39.	C	
10.	D	25.	A	節省→減少	40.	C	
11.	C	26.	D	學生已包含 小學生	41.	B	
12.	D	27.	B	主語不確	42.	A	
13.	C	28.	C	錯用成語	43.	C	
14.	D	29.	D		44.	A	
15.	D	大肆（事）； 妄（罔）顧； 先軀（驅）	30.	D		45.	B	

6.2 模擬考卷二

文章閱讀（8 題）

1. 雖然醫學進步，對某些器官衰竭病者來說，器官移植依然是延續生命的唯一希望。香港的遺體器官捐贈率位居＿＿＿＿＿＿＿＿＿。2022 年，在香港的每一百萬人中只有 4.7 名器官捐贈者，相比捐贈率排在全球首位的西班牙（46.0）和第二位的美國（44.5），只為約十分之一。礙於捐贈器官的供應有限，香港每天有超過二千名病患及其家屬親友苦苦等待，病患要每天與死神搏鬥。更遺憾的是，有不少病患在等待適合的器官期間便與世長辭。要縮短病患等候的時間，使他們得到新生，市民積極支持器官捐贈至為重要。

2. 香港要進行器官移植最困難的地方是可作移植用途的器官供應不足。2018 年至 2022 年間，醫院管理局所處理用作移植的器官／組織捐贈數目，除了肺部外（2018 年的 7 宗，2022 年亦是 7 宗），其他器官／組織均有所下降——以眼角膜為例，由 2018 年的 346 片捐贈宗數降至 2022 年的 244 片，但輪候眼角膜移植的人數卻由 2018 年的 274 人增至 2022 年的 357 人；更誇張的是腎臟捐贈宗數，由 2018 年的 76 宗降到 2022 年的 56 宗，但輪候腎臟移植的人數已由 2018 年的 2,237 人增至 2022 年的 2,451 人，截至 2022 年，平均輪候腎臟移植時間長達 56.8 個月。自 2012 年起，每年腎臟、肝臟的捐贈宗數在雙位數字徘徊，心臟和肺部的捐贈宗數更只有 20 宗以下，僅有眼角膜的捐贈宗數達三位數字。

3. 雖然其他器官 / 組織的相關數字遠較腎臟為低，但器官 / 組織移植輪候人數平均所需輪候時間仍然介乎 21 至 39 個月。在 2018 年至 2022 年間，超過 100 名病患在等候肝臟、心臟或肺部移植期間病逝。

4. 在現有的「自願捐贈」機制下，市民可就器官捐獻的個人意願在中央名冊加入或取消登記。而即使未於中央名冊登記的逝世人士，只要生前曾向醫護或家人表達其捐贈意願，當病人去世後，醫護團隊得到家人的書面同意就可以進行器官捐贈手術，令其他人重獲新生。為了推廣器官捐贈，政府一直協調宣傳及促進器官捐贈的活動，並舉辦相關節目，在不同範疇推廣器官捐贈，以求在社會上建立更為接受和推崇器官捐贈的文化，鼓勵和教育公眾參與器官捐贈。

5. 其實合適的器官捐贈者大部分都是因意外或急病而身故的。如果死者在生前沒有把捐贈器官的意願以文字記錄下來，也沒有向家人有所表示的話，最終也難以達成捐贈器官的意願。一般而言，器官捐贈並無年齡限制。無論青少年、成人、長者都可以考慮捐贈器官。至於各種組織的捐贈方面，眼角膜為 80 歲以下，長骨由 16 至 60 歲，皮膚則為 10 歲或以上。負責移植的醫療小組會先評估每名捐贈人士的情況，然後才決定他們的器官是否適宜使用。

6. 絕大部分的宗教都鼓勵分享或布施。部分宗教如佛教、道教、孔教、天主教、基督教和伊斯蘭教都認同器官捐贈的精神，並將之稱頌為造福眾生、功德無量之舉。寄望廣大市民對器官捐贈持開放的態度，為病患和家屬帶來重生的希望。

1. 以下哪一項最適合填入文中第 1 段的畫線處？

A. 全球最低的地方
B. 全球最低之列
C. 全球遺體器官捐贈率最低的地方之一
D. 令人失望

2. 以下哪一項最適合用作本文的標題？

A. 器官捐贈
B. 推廣器官捐贈
C. 香港器官捐贈現況
D. 香港器官捐贈爭議

3. 根據本文內容，以下哪一項不能準確地描述在文中提及的時間內，香港器官捐贈的數字？

A. 器官／組織移植輪候時間長達 56 個月。
B. 每年腎臟、肝臟的捐贈宗數少於 100 宗。
C. 肺部的的捐贈宗數在 2018 年至 2022 年間每年維持 7 宗。
D. 在 2022 年，等候腎臟移植的人數為 2,451 人。

4. 作者引用第 2 和第 3 段的數據是為了：

A. 突顯香港的遺體器官捐贈率在全球之低。
B. 呼籲讀者重視香港可作移植用途的器官供應不足的問題。
C. 比較西班牙和美國的器官捐贈狀況。
D. 交代香港可作移植用途的器官供應不足的狀況。

5. 如有意願捐贈器官，以下哪一項不是在文中所述的「自願捐贈」機制下的登記方法？

A. 在中央器官捐贈登記名冊登記。
B. 生前曾向家人表達其捐贈意願。
C. 生前曾向醫護表達其捐贈意願。
D. 在中央器官捐贈登記名冊登記，同時需簽署並隨身攜帶器官捐贈證。

6. 根據本文內容，以下哪一項正確描述關於器官捐贈的事實？

A. 合適的器官捐贈者都是因意外或急病而身故的。
B. 家人毋須知道捐贈者死後捐贈器官的意願。
C. 只有完全健康的人士，才可捐贈器官。
D. 器官捐贈並無年齡限制。

7. 政府協調宣傳及促進器官捐贈的活動的目的是甚麼？

A. 在社會上建立更為接受和推崇器官捐贈的文化。
B. 鼓勵和教育公眾參與器官捐贈。
C. 令更多人參與器官捐贈。
D. 在不同範疇推廣器官捐贈

8. 根據本文內容，作者認為：

A. 香港的遺體器官捐贈率低得令人失望。
B. 市民對器官捐贈持開放態度可鼓勵器官捐贈。
C. 器官捐贈是功德無量之舉。
D. 10 歲至 80 歲的人都適合捐贈器官。

片段 / 語段閱讀 （6 題）

　　根據國際間廣泛應用的定義，光污染指非自然的光線造成的不良影響。這些影響包括人為的白晝現象、眩光、光入侵、混光，導致同一空間中的夜間能見度降低，並浪費能源。光污染的來源五花八門，例如住宅照明、廣告霓虹燈、街燈，以及晚間運作的運動場地所亮着的照明裝置。光污染令夜空恍若日晝，使肉眼可見的星星變得寥寥無幾。

9. 這段文字意在說明：

A.　　光污染的定義。
B.　　光污染對天文觀測有負面影響。
C.　　光污染在香港十分嚴重。
D.　　光污染的來源及影響。

　　堅持重複做一件事 21 天，就會變成習慣。重複的行為可以形成一個自動性的狀態，理性自主的行為變成了身體自動反應。不要小看這個身體的機制，只要選定並堅持每一個微小、健康的行為，養成良好習慣後，長久下去，人生一定能夠更自律。

10. 這段文字說明了：

A.　　養成良好習慣的重要性。
B.　　習慣是如何養成的。
C.　　如何選定一個良好的習慣。
D.　　良好的習慣可以令人生更自律。

有一天，龍蝦與寄居蟹在深海中相遇，寄居蟹看見龍蝦正在把自己的硬殼脫掉，只露出嬌嫩的身軀。寄居蟹非常緊張地說：「龍蝦，你怎麼可以放棄唯一保護自己身軀的硬殼呢？不怕大魚一口把你吃掉嗎？看你現在的情況，連激流也會把你沖到岩石上去，十分危險！」龍蝦氣定神閒地回答：「謝謝關心，但是你不瞭解，龍蝦每次成長都必須先脫掉舊殼，才能長出更堅固的外殼。我現在面對危險，其實是為了未來做好準備。」寄居蟹聽畢後反省自己，整天找可以避居的地方，從沒有想過如何令自己成長得更強壯，結果只能活在別人的蔭庇之下。

11. 作者旨在透過這段文字說明：

A. 溫室裏長不出大樹，人要透過磨難才可以成長。

B. 龍蝦要脫殼才可成長。

C. 寄居蟹是會自我反省的動物。

D. 龍蝦明白自己的道路必會遇到如沙石般的障礙，已經在裝備自己。

本地政府在過去十多年一直推行農地復耕計劃，協助有意租地耕種的人士與土地業權人配對並達成租賃安排，推動復耕荒廢農地。在過去五年，成功配對 134 宗個案，合共涉及 11 公頃農地。不過，參考去年的成功個案，每宗個案平均輪候時間長達三年，效率令人質疑。

12. 作者旨在透過這段文字說明：

A. 本地農業對經濟有相當的貢獻。

B. 政府重視本地農業發展。

C. 政府支持本地農民採用新的農業科技。

D. 政府致力推動復耕休耕農地。

鑑於亞洲對葡萄酒需求日增，香港政府於 2008 年 2 月起撤銷所有與葡萄酒稅有關的清關及行政管制措施，以促進香港發展成為亞太區內的葡萄酒貿易及分銷中心，特別是面向內地的葡萄酒貿易樞紐。

13. 這段文字交代了：

A. 香港政府鼓勵本地發展葡萄酒貿易的背景。
B. 香港銳意成為全球最大的葡萄酒貿易中心。
C. 香港葡萄酒的大部分買家來自內地
D. 香港已發展成為亞太區的葡萄酒貿易及分銷中心。

　　1949 年，聯合國教科文組織通過了《公共圖書館宣言》，其後經兩度修訂，說明公共圖書館應免費向所有人提供平等的服務，不分年齡、種族、性別、宗教、國籍、語言或社會地位。香港公共圖書館亦以《公共圖書館宣言》所宣揚的信念為指引，在香港建立圖書館館藏，以配合市民對資訊、研究、自學進修和善用餘暇各方面的需求，以及推廣本港的文學藝術。

14. 這段文字說明了：

A. 公共圖書館就是所有人自由求取知識的地方。
B. 香港公共圖書館提供的所有服務都應該是免費的。
C. 香港公共圖書館應該是市民自學進修的工具。
D. 香港公共圖書館以《公共圖書館宣言》信念為營運指引。

字詞辨識（8題）

15. 請選出沒有錯別字的句子。

A. 雖然他是今屆影帝的好朋友，但他對影帝的私生活三箴其口，絕不透露半句。

B. 今年香港錄得近二十年來最高的溫度，我只要在戶外走一分鐘的時間，就汗流浹背。

C. 他自小就熱愛大自然，立志人生一定要到非洲看動物大遷徙。

D. 二氧化硫是一種防腐劑，可用於干菜、干果、醃菜和鹽醃的魚製品等食物。

16. 請選出沒有錯別字的句子。

A. 乘搭飛機的乘客除了要遵從機場所指示的行李付運限制，亦要遵守其他適用於國家境內管有違法物品的規定。

B. 這所報館以舊報紙、雜誌作報置，極具特色，不知情者可能會誤以為這裏是博物館。

C. 作為父母，不應經常用語言評擊子女的行為，而應多給予鼓勵。

D. 公司有意把實習計劃恒常化，為青年提供一個將理論與實踐融匯貫通的機會，也為公司注入更多活力。

17. 請選出沒有錯別字的句子。

A. 在中國文化裏，「四」字因與「死」字諧音而被視為不吉利。

B. 她很興幸遇上一位好老師，才可以進步得如此迅速。

C. 小朋友在成長的過程中很喜歡模彷大人的行為。

D. 他性格率直，說話直接了當，是一個可以交心的朋友。

18. 請選出**沒有**錯別字的句子。

A. 他竟然為了承繼父親的財產而許願父親早逝，他父親知道後怒不可竭。

B. 在普通法地區，防礙司法公正是刑事罪，為可公訴罪行之一。

C. 他在國際賽事中表現出色，今次更成功擊敗勁敵，氣勢如虹地勇奪金牌，成績令人鼓舞。

D. 先確保自己的專業能力有一定水平和實戰經驗，才能在市場上擁有競爭力。

19. 請選出下面簡化字**錯誤**對應繁體字的選項。

A. 靈→巫

B. 陰→阴

C. 禮→礼

D. 協→协

20. 請選出下面簡化字**錯誤**對應繁體字的選項。

A. 鈔→钞

B. 釣→钓

C. 銷→销

D. 鏇→镟

21. 請選出下面簡化字**錯誤**對應繁體字的選項。

A. 敵→敌

B. 極→枃

C. 脈→脉

D. 習→习

22. 請選出下面簡化字**錯誤**對應繁體字的選項。

A.　創→创

B.　獎→奖

C.　眾→众

D.　壓→圧

句子辨析 （8 題）

23. 選出有語病的句子。

A.　本港有多種公共交通工具，包括地鐵、電車、巴士、的士、公共小型巴士及渡輪等等。

B.　《流浪月球》是最新的國產電影，放映以來，在故事、製作水準、特別效果各方面，都一致獲得非常高的評價。

C.　北部都會區覆蓋元朗區及北區，當中包括天水圍及粉嶺／上水等新市鎮。

D.　警方逮捕了三個男人，涉嫌打劫珠寶店，並且藏有槍械。

24. 選出有語病的句子。

A.　自周平王東遷以後，東周前半期諸侯爭相稱霸，持續了二百多年的時間，史稱「春秋時代」。

B.　韓非是中國古代法家思想的代表人物，認為「法」、「術」、「勢」三者並重。

C.　孔子創立儒家學說，重視君子的品德修養，強調仁與禮相輔相成，重視五倫，提倡教化，主張在位者以仁德治國。

D.　在鐵器時代，人們能冶鐵和製造鐵器，文明規模開始發展。

25. 選出有語病的句子。

A. 對於講座的熱烈反應，主辦機構表示喜出望外。
B. 北京是國家的首善之區，人才鼎盛。
C. 培育足夠的創科人才，對一個國家的經濟發展具有重要意義。
D. 讀者表示她聽過「語病」這個名稱。

26. 選出有語病的句子。

A. 這個國家的人口十分年輕，所以他們正設法把當地發展成可持續的宜居環境。
B. 當你成為一名教師時，你需要確保課程內容的準確性。
C. 吃飯是美好的親子時光，家長可以和孩子一起邊吃邊玩。
D. 奧運會將於下月舉行，各國精銳盡出，準備施展渾身解數，爭取佳績。

27. 選出有語病的句子。

A. 公司秉持可持續發展的原則，遵守有關環境及社會的條例，向僱員灌輸有關環境及社會事宜的知識，鼓勵員工注意並減低其決策對環境及社會帶來的負面影響。
B. 菲律賓是位於東南亞的一個群島國家，由大概 7,000 個島嶼組成，因位處環太平洋地震帶上，常年飽受地震與颱風等天災侵襲。
C. 陳先生現年 44 歲，自 2003 年起出任公司董事，之後於 2018 年 1 月 3 日起擔任集團總會計師至今。
D. 香港很少人從事農業生產，稻米的生產量難以供應給全港超過 700 萬人口，要依賴外地入口。

28. 選出**沒有**用語不當的句子。

A. 他成功在公開試作弊，並考入了香港最好的大學。

B. 參加學校試食會的學生就飯盒的味道和分量提出熱烈的意見。

C. 世界各地的政府都在努力招攬海外人才，充實自己的人才庫。

D. 在藝術作品完畢後，創作者不用登記，即擁有版權。

29. 選出**沒有**犯邏輯錯誤的句子。

A. 急速的城市化會產生其他各種各樣的環境問題，影響我們每一個人。

B. 因為他爸爸是退休軍人，所以思想古板，不苟言笑，十分無趣。

C. 植物靠光合作用維生，對每個讀過中學常識科的學生都是基本的知識。

D. 安史之亂是唐朝由盛轉衰的轉捩點，造成了唐代中期以後藩鎮割據的局面。

30. 選出**沒有**犯邏輯錯誤的句子。

A. 這個小孩子年紀輕輕就學會說謊，長大後一定不是個好人。

B. 今晚日出後，媽媽就把衣服晾到戶外。

C. 今日的投票率十分高，保守黨一定可以大勝。

D. 他下班後感到身心俱疲，忍不住在回家的途中大哭起來。

詞句運用 （15 題）

31. 他第一次到政府部門實習，應多留意其他同事的工作及表現，
_____。

A. 東施效顰
B. 借鑑於人
C. 邯鄲學步
D. 取長補短

32. 入廟拜神是體現中國人 _____ 傳統的行為。

A. 尊重
B. 承繼
C. 了解
D. 實施

33. 人類文明無論發展得有多厲害，也不能 _____ 自然界
的發展規律。

A. 違反
B. 違抗
C. 違異
D. 違犯

34. 本港體育發展 ＿＿＿＿＿＿＿＿ 政府資助，體育學院超過九成的總收入來自政府撥款，體育運動的商業元素不足，令本港難以將體育發展成具規模且可持續的產業。

A. 明顯依靠
B. 高度依賴
C. 單純倚靠
D. 畢竟有賴

35. 你經常為了工作而不吃飯是不好的習慣，健康和事業 ＿＿＿＿＿＿＿＿，不用我多說吧。

A. 輕重緩急
B. 孰輕孰重
C. 誰是誰非
D. 相得益彰

36. 每個人都有自己的生活節奏，不需要為了跟隨他人或社會的步伐，而強迫自己追趕。奧巴馬 47 歲當選美國總統，55 歲退休，特朗普 70 歲才開始總統生涯，難道又會有人說特朗普的人生步伐太慢嗎？ ＿＿＿＿＿＿＿＿，當在追趕生活而感到氣喘吁吁、精疲力竭時，不需要再強迫自己，稍事休息後再繼續前進，這時的你可能會走得更快更昂然。

A. 不用嫉妒奧巴馬或嘲笑特朗普
B. 不必勉強自己也沒關係
C. 每個人在自己的軌跡上用自己的速度奔跑着
D. 你的步伐比特朗普更慢

37. 人類依賴思考作出決策，但 ＿＿＿＿＿＿＿＿，從而令你作出錯誤的決策？各種思維謬誤、人生經歷往往會蒙蔽人類的判斷力，使一個人因為自大或自卑，形成對事情的偏見或刻板印象，導致每個人都有不同的想法，作出不同的判斷和決策。

A. 你有沒有懷疑過思考可能會出現錯誤

B. 你是否有反省過自己的思維模式

C. 其實思考未必是合適的方法

D. 邏輯分析會影響思考能力

38. 《徐霞客遊記》不僅在中外科學史上佔有重要地位，＿＿＿＿＿＿＿。書中記錄徐霞客所見所聞，同時描寫大自然的瑰麗多姿，文筆優美，情景交融，讀來如見其人，如歷其地。

A. 記述內容亦十分豐富

B. 還用文字記下了中國古代的科學知識

C. 更是富有文學色彩的遊記名著

D. 同時文學地位超然

39. 圍村入口前那棵盤根錯節的老榕樹，已不知到了其「樹生」的第幾個年頭。村中年近 90 歲的原居民依稀記得，當年在爺爺的懷抱內依着榕樹下的大石頭，度過一個個嚴寒秋冬。＿＿＿＿＿＿＿，今日圍村內的小朋友再也不能忍受只靠樹蔭沒有冷氣的炎夏，寧願在家中自顧自地抱着手機，享受一方的快樂。

A. 原居民在樹下看着

B. 時光在一個個重複的春夏秋冬中悄然流逝

C. 老榕樹見證着原居民的長大

D. 因應政府的發展規劃

40. 中國古代球類活動有一大特色，就是以娛樂為主，競爭和運動程度為次。其實，在中國古代體育活動中，不少項目都是運動、競爭、娛樂、技巧融會一體，近似現代奧運，但與公元前奧林匹克競賽相比，＿＿＿＿＿＿＿。當時的奧運猶如戰爭，成王敗寇，運動場與戰場無異，以表現勇武為主。戮力鬥爭的精神正是古希臘文明的支柱，表現於體育的就是帶有強烈對抗與刺激色彩的競技運動。反觀中國古代體育活動，每帶文娛色彩。

A. 則可謂大異其趣

B. 內容又頗有相近之處

C. 當然有很大分別

D. 又不可同日而語了

41. 選出下列句子的正確排列次序。

❶ 透過投資產生更多資產，賺取持續性的收入

❷ 沒有資金的年輕人則可利用勞力提高收入

❸ 最可靠的致富之道是增加薪金以外的收入

❹ 例如出售自己的時間做兼職工作

❺ 單靠節省開支無法令人變得富有

A. ❶❹❺❷❸

B. ❹❸❶❺❷

C. ❺❸❷❹❶

D. ❺❸❶❷❹

42. 選出下列句子的正確排列次序。

❶ 李鴻章是晚清洋務運動的主要倡導者之一

❷ 時人認為李鴻章責無旁貸，令他受千夫所指

❸ 李鴻章軍功顯赫，成為同治、光緒兩朝的大臣，自 1860 年代籌辦洋務自強運動

❹ 惟於三十餘年後的中日甲午戰爭，李鴻章創建的北洋艦隊遭日軍一舉打敗

❺ 清廷被逼簽訂喪權辱國的《馬關條約》

A. ❸❹❺❷❶
B. ❹❷❸❶❺
C. ❶❸❹❺❷
D. ❸❶❹❺❷

43. 選出下列句子的正確排列次序。

❶ 政府會繼續與航空公司合作，持續改善航線設計和降低噪音的技術

❷ 但香港機場的飛行航線是經過周詳而全面的考慮設計出來，更改飛行航線在技術上的可行性並不高

❸ 為防止航機噪音影響居民生活，有意見提出政府應該更改飛行航線

❹ 作為國際航空樞紐，香港每日有超過 1,100 班航班起降，控制飛機造成的噪音污染成為一大重要議題

❺ 通過全面協作，平衡居民與航空業的需求，努力創造一個更可持續和宜居的城市

A. ❹❶❷❸❺
B. ❹❸❷❶❺
C. ❶❸❷❹❺
D. ❶❹❷❸❺

44. 選出下列句子的正確排列次序。

❶ 她在面對悲痛時，化悲傷為力量，致力為全世界服務

❷ 雖然婚姻失敗，但她了解到這個世界上有很多比自己個人悲歡情愁更重要的事情

❸ 她成功演繹「人民王妃」這個角色，亦是一名盡責的母親、孝順的女兒

❹ 戴安娜王妃在離婚後不但沒有像普通人一樣自怨自艾，因傷心而自暴自棄，反而將精神投放到公益事業

❺ 不止英國，遠至第三世界國家的弱勢社群也曾受到她的協助

A. ❹❷❺❶❸

B. ❹❶❺❷❸

C. ❹❶❸❷❺

D. ❷❹❶❸❺

45. 選出下列句子的正確排列次序。

❶ 後來北京推動城市化，胡同的數量愈來愈少

❷ 當地人以前不太喜歡胡同的生活，十多戶擠在一起，衞生環境很差

❸ 曲折迂迴的小街巷成了老北京的印記、回憶

❹ 人們又開始懷念當時在舊街小巷生活的日子了

❺ 遊覽老北京，少不了要到訪古樸的胡同

A. ❶❸❹❷❺

B. ❺❷❶❹❸

C. ❶❸❷❹❺

D. ❷❶❹❸❺

[題目]

1.	B	16.	A	報（佈）置；評（抨）擊；融匯（會）	31.	D
2.	C	17.	A	興（慶）幸；模彷（仿）；直接（截）	32.	A
3.	C	18.	C	可竭（遏）；防（妨）礙；兢（競）爭	33.	A
4.	D	19.	A	靈→灵	34.	B
5.	D	20.	D	鏇→旋（镟不是規範字）	35.	B
6.	D	21.	B	極→极	36.	C
7.	C	22.	D	壓→压	37.	A
8.	B	23.	D	（他們）涉嫌……	38.	C
9.	D	24.	D	配詞失當	39.	B
10.	B	25.	A	主語不確	40.	A
11.	B	26.	A		41.	D
12.	D	27.	D		42.	C
13.	A	28.	C	另三句均配詞不當	43.	B
14.	D	29.	D		44.	B
15.	B	三箴（緘）；遷徙（徒）；干（乾）菜	30.	D		45.	B

6.3 模擬考卷三

文章閱讀（8 題）

1. 芝麻，一顆小小的種子，蘊含着豐富的營養和無限的用途。在人類飲食的 _____ 中，芝麻一直是重要的農作物和食材之一，為人們的生活和環境帶來了不少好處。

2. 芝麻是營養豐富的食物，富含蛋白質、脂肪、纖維和多種維生素、礦物質，如維生素 E、鈣、鐵和鋅等。這些營養使芝麻成為一種有益健康的食材。維生素 E 作為強效的抗氧化劑，有助減少細胞的氧化損傷，保護身體免受自由基的傷害。此外，芝麻中的脂肪酸有助維護心臟及血管健康，並促進腦部功能。其纖維含量亦有助消化和排便，保持人體腸道健康。坊間就有不少地方售賣純芝麻，100 克的芝麻不過十餘元，價格便宜。

3. 在烹飪和烘焙方面，芝麻的用途亦十分廣泛。無論是麵包、糕點，還是各種甜品、料理，加入適量的芝麻都可以為食物增添獨特的香氣和口感。當芝麻作為烹調要角，又可以製成芝麻醬、芝麻油等調味品，為菜肴帶來更豐富的風味。同時，芝麻也是許多傳統糕點和點心的重要成分，如芝麻糖、芝麻糊和芝麻酥等，烘烤過的芝麻，香氣更濃。我曾經在家中試製混合蜂蜜的黑芝麻糖，香氣四溢，軟硬適中，愈吃愈停不下來，家中的長輩都十分喜愛。若十指不沾陽春水，也可直接到超級市場購入不同的芝麻製食品，一家四口分量的黑芝麻湯圓只售三四十元不等，絕對物超所值。

4. 除了食用價值，芝麻還有不少其他用途。在醫學方面，芝麻被廣泛應用於傳統藥物和中醫療法之中。據說，芝麻具有補血、養腎、潤腸、強筋骨的功效，可用來治療貧血、腎虛、便秘等疾病。芝麻油也被認為對皮膚有益，可為皮膚提供滋潤和保護屏障。此外，芝麻的葉子和莖都可以當作蔬菜食用，其富含維生素和礦物質，為人類提供更多的營養選擇。

5. 在農業方面，芝麻對環境也具有重要作用。芝麻屬於適應力高的農作物，對土壤和氣候條件的要求較低，適合在乾旱和高溫的環境中生長。種植芝麻不僅可以改善土壤品質，還可以作為農民的經濟來源。芝麻的種子可以提取出植物油，作為食用油和工業原料，其抗氧化、抗炎和抗菌的特性，令它在食品之外的藥品和化妝品等領域獲廣泛應用。我亦曾試使用以芝麻籽油製成的化妝品，雖然不及國際品牌的化妝品般耐用，但性價比高，而且純天然無副作用，也是一個不錯的選擇。

6. 除了以上提到的，芝麻還有文化和宗教上的象徵意義。在一些宗教儀式中，芝麻可用來表達對神靈的敬意和祈求。芝麻在許多傳統節日和慶祝活動中亦扮演着重要的角色，如中國的芝麻糖。在香港，芝麻是結婚過大禮時的傳統物品，與茶葉一起，寓意忠貞不渝。

7. 一顆小小的種子，承載數之不盡的用途，在不同的場合中發揮重要的作用。

1. 以下哪一項最適合填入文中第1段的畫線處？

A. 歷史長河

B. 提煉精粹

C. 千年紀錄

D. 食譜

2. 以下哪一項是本文的重點？

A. 芝麻的用途

B. 芝麻的益處

C. 芝麻的種植方法

D. 芝麻是一顆小小的種子

3. 作者提到芝麻和黑芝麻湯圓的價格，是為了以下哪一項？

A. 說明兩者的價格差異

B. 建議讀者直接購買比自己煮更方便

C. 認證芝麻及芝麻製品的價錢相宜

D. 分享作者自己也會去超級市場購買芝麻和黑芝麻湯圓

4. 下列哪一項**不是**本文提到芝麻的食用價值？

A. 為食物增添獨特的香氣和口感

B. 被製作成為芝麻醬、芝麻油等調味品

C. 被製作成為傳統點心

D. 被用作補血、養腎的補品

5. 以下哪一項**不屬於**本文提到的芝麻的特性？

A. 芝麻與茶葉有忠貞不渝的寓意
B. 芝麻耐旱、耐熱
C. 芝麻抗氧化、抗炎和抗菌
D. 食用芝麻有助維護心臟及血管健康

6. 根據本文內容，芝麻可用作以下哪一種用途？

A. 祭祀的祭品
B. 過大禮的傳統物品
C. 蔬菜的代替品
D. 工業原料

7. 作者認為：

A. 芝麻能治百病。
B. 芝麻百利而無一害。
C. 芝麻用途廣泛。
D. 芝麻沒有烏髮養髮的功效。

8. 根據本文內容，作者：

A. 是一名女性。
B. 烹調技藝高超。
C. 與家中長輩一起居住。
D. 十分欣賞芝麻。

片段 / 語段閱讀（6 題）

年輕人借錢購買奢侈品牌，是現今社會上一種愈來愈普遍的趨勢。對於初入社會的年輕人來說，擁有名牌產品彷彿成為身份和地位的象徵。然而，這種行為存在明顯風險，借錢購買奢侈品會導致經濟壓力和債務累積，長遠有機會使人變得一貧如洗。因此，年輕人應該明智地管理金錢，建立正確的消費觀。在追求滿足物慾的同時，亦應該注重財務的穩定和長遠規劃，才能真正積累個人財富和身份地位。

9. 這段文字意在說明：

A. 年輕人應該學會正確的理財觀念。
B. 年輕人很喜歡借錢購買奢侈品牌。
C. 年輕人借錢購買奢侈品牌只會令自己陷入債務危機。
D. 年輕人不能藉着購買奢侈品牌令自己的身份更高貴。

咖啡機是家庭和辦公室中不可或缺的精緻器具，以簡單的按鈕和複雜的機械結構，將咖啡豆濃郁的香氣和味道完美地提取成一杯香氣四溢的咖啡。無論是清晨的「醒神第一啡」，還是午間小憩時的「忙裏偷閒啡」，咖啡機都能為用家帶來獨特的咖啡體驗。讓我們在忙碌的生活中稍作休息，享受一份香醇的喜悅吧。

10. 這段文字的重點是：

A. 咖啡機的用途。
B. 咖啡機的賣點。
C. 咖啡機在家庭和辦公室中不可或缺。
D. 咖啡機為用家帶來香醇的喜悅。

話劇是香港文化的重要部分。以本港的社會背景和生活經驗為基礎，話劇通過舞台上的表演，探索和反映社會問題。劇本題材上，除了傳統的經典作品，也有現代的創新作品，涵蓋了各種題材和風格。話劇表演者以精湛的演技和張力，將故事和角色活靈活現地呈現給觀眾。話劇不僅為香港人提供了娛樂，也成為當代文化的載體，承載着香港人的情感和思考，是香港文化傳承和創新的重要管道。

11. 通過這段文字，可以看出作者：

A. 喜歡看話劇。
B. 重視話劇對香港的貢獻。
C. 欣賞話劇表演者的精湛演技。
D. 認為香港不可以沒有話劇。

　　要煎出完美的太陽蛋，技巧和細節至關重要。首先要選擇新鮮的雞蛋，確保蛋黃飽滿、蛋白清亮。跟着以適量的植物油加熱平底鍋。當油溫適中時，輕輕將蛋放入鍋中，用小火煎至蛋白凝固、蛋黃微熟。在煎蛋的同時，可蓋上鍋蓋，利用蒸汽使蛋黃熟透，但仍保持柔嫩。最後，根據個人口味撒上少許鹽和胡椒粉，即可享受完美的太陽蛋。

12. 通過這段文字，可以看出作者：

A. 對太陽蛋的要求很高。
B. 食太陽蛋時喜歡加鹽和胡椒粉。
C. 認為蛋的新鮮程度會影響煎出完善的太陽蛋。
D. 煎太陽蛋時會參考標準作業程序。

據說，若人不吃東西只喝水，可以生存七天，但沒有水的話只能生存三天。水對人類的身體健康十分重要，除了維持身體的基本機能運作，保護心血管健康，還可以避免結石、痛風等疾病。同時，水可以幫助腸胃蠕動，緩解便秘；加速大腦反應，改善疲倦頭痛等症狀。足夠的水分也可以活化皮膚細胞，令人看起來更年輕。

13. 以下哪一項對文字的理解**不準確**？

A.　水是最適合人類的飲品。
B.　身體運作不能沒有水份。
C.　人連續不喝水三天就會死。
D.　人可以在喝水但不進食的情況下生存一個星期的時間。

　　中學生面臨着巨大的壓力，來源包括繁重的課業負擔、高強度的考試和社交期望。這種壓力可能對他們的身心健康構成負面影響。作為教育機構，我們需要關注學生的整體發展和心理健康，提供適當的支援和資源，包括心理諮詢、時間管理技巧和減輕課業負擔的措施。同時，家長也應積極採取措施，鼓勵學生保持身心平衡，培養興趣愛好和良好的自我管理能力。只有家校合作，才能幫助中學生緩減壓力，實現全面的成長。

14. 以下哪一項對文字的理解**不準確**？

A.　中學生面臨的學業壓力來自學習、社交。
B.　要減輕中學生的壓力，必須家長和學校合作才能成功。
C.　作者是教育機構的一員。
D.　教育機構負責向中學生提供心理諮詢。

字詞辨識（8 題）

15. 請選出沒有錯別字的句子。

A. 留學三年後回家，他不禁感概父母親老得太快。

B. 三國頂足而立的局面維持了多年，成為很多歷史小說的背景。

C. 小學教育承接幼稚園教育，會繼續發展學生的學習能力和興趣。

D. 在古代，專事鬼神的官位很早已經出現，負責祭巳、祝禱、占卜等工作。

16. 請選出沒有錯別字的句子。

A. 空氣污染物對健康的影響因人而異，任何人士如有疑問或感到不適，應盡快諮詢醫護人員的意見。

B. 他只盼望孩子可以建立健康的生活方式，發展個人興趣和憯能。

C. 公司十分重視所有場地建設工程的質素，會嚴蜜監督工程的施工情況和進展。

D. 這位女歌星因抑鬱自殺離世，她的歌會長留樂迷心中，留芳百世。

17. 請選出沒有錯別字的句子。

A. 創新科技一方面改善我們的生活質素，另一方面卻增加碳足跡，破壞生態環景。

B. 這個小女孩年紀輕輕就習慣順口雌黃，搬弄是非，真令人擔心。

C. 春暖花開，秋木枯萎，標誌着四季的更迭交替。

D. 旅客隨身攜帶之液體、凝膠及噴霧類物品，拘要以容量不超過 100 毫升的容器盛載。

18. 請選出**沒有**錯別字的句子。

A. 公司已與來自多個國家的商戶建立聯繫，包括厄瓜多爾、印度、哈薩克斯坦、美國和越南。

B. 政府銳意推動文化藝術發展，績極提升香港作為國際文化藝術交流中心的角色。

C. 做人做事都應該按步就班，不宜急於求成。

D. 這個項目依賴公司上下各層級的通力合作，任何人都不能各行其事。

19. 請選出下面簡化字**錯誤**對應繁體字的選項。

A. 憑→凭

B. 歲→岁

C. 樂→楽

D. 戀→恋

20. 請選出下面簡化字**錯誤**對應繁體字的選項。

A. 畫→画

B. 絕→绝

C. 雜→卒

D. 澀→涩

21. 請選出下面簡化字**錯誤**對應繁體字的選項。

A. 團→团

B. 帶→带

C. 擔→担

D. 鄰→邻

22. 請選出下面簡化字**錯誤**對應繁體字的選項。

A. 數→数

B. 薦→荐

C. 賞→赏

D. 肆→㠯

句子辨析（8題）

23. 選出有語病的句子。

A. 這齣舞台劇的導演對戲服的穿戴和搭配要求十分嚴謹，有助劇中人物建立鮮明獨特的形象。

B. 香港作為國際航空樞紐，憑藉緊密的航空連繫，為香港的金融、貿易及旅遊等多個產業提供重要支撐。

C. 新老闆第一日就任就要求所有部門審視工作程序，改善運作。

D. 有關政策局會適時檢視人手需求，並按服務需要靈活調配人手。

24. 選出有語病的句子。

A. 只有努力學習，才會取得好成績。

B. 一眾勇敢的消防員毋懼生死，進入瓦礫堆中拯救傷者。

C. 因為欠缺資金，財務機構又不願意給予援助，使我陷入困境。

D. 請各位同事在離開前，把活動室打掃乾淨。

25. 選出有語病的句子。

A. 本校為中小學、企業客戶及政府部門等提供定制的專業培訓課程，以及製作團體訓練相關之企業活動。

B. 這個部門的經理十分自律，近十年從來沒有遲到早退，部門內的其他同事上行下效，是公司的好榜樣。

C. 如承辦商不能避免要僱員進行帶電工作，施工前須由合資格人士進行全面的風險評估，並確保適當的安全措施得以遵守，以消除或妥善控制有關的電力危險。

D. 隨着科學家研發出擁有自我意識的智能機械人，世界各國開始討論這種技術所涉及的道德問題。

26. 選出有語病的句子。

A. 我們一定要努力學習，在瞬息萬變的世界中提升個人能力。

B. 畢業後，陳先生曾把法國視為自己的創作基地。

C. 人的時間與體力都不是無限的。

D. 疫情期間，確診個案節節上升，情況堪虞。

27. 選出有語病的句子。

A. 上帝總會為我們預備多一扇窗，如果正門進不去，就尋找窗的入口。

B. 香港每年約有三萬名大學畢業生投入職場，惟仍面對人才不足的問題。

C. 會員只要支付一筆月費，就能隨時隨地觀賞最新的節目與電影。

D. 於今年 12 月 31 日，香城航空連同其附屬公司在全球僱用逾四萬名員工，其中在歐洲工作的員工有約二萬二千人。

28. 選出**沒有**用詞不當的句子。

A. 他們兩兄弟自小一起學習、玩耍，到三十歲時仍然鶼鰈情深。

B. 全球暖化這個問題影響着每一個人類，我們誰都逃不掉。

C. 今日有約 200 名嘉賓出席公司上市儀式，包括公司董事長、管理層、各部門代表，以及他們的親友。

D. 儘管受到多少失敗，他仍會繼續努力向前，盡顯其運動員精神。

29. 選出**沒有**犯邏輯錯誤的句子。

A. 年輕人欠缺的就是睡眠不足。

B. 過去一年，公司憑藉員工的出色表現，創下歷年來最高的營業額。

C. 聽過醫生的囑咐後，他無時無刻不忘記要注意飲食習慣。

D. 海關近月接獲線報，揭發有不法商人大量仿造劣質產品。

30. 選出**沒有**犯邏輯錯誤的句子。

A. 凡是能夠入讀本地首屈一指的大學的學生，不少都是在中學時期認真向學的好學生。

B. 因為他 18 歲開始就要工作養家，沒有繼續讀書，所以英文能力很差。

C. 白發集團於今年錄得應佔溢利港幣一億二千四百萬元，在去年則錄得溢利港幣一億三千五百萬元。

D. 每次見到獸父侵犯女兒的倫常慘劇，誰也不能否認虎毒不吃兒這句說話。

詞句運用 (15 題)

31. 選委會經過篩選後，決定在是次選舉 _____ 電子發放選票的方式，因而提升了票站的點算效率。

A. 引用
B. 利用
C. 使用
D. 採用

32. 陳大明自小受到父親的影響 ，_____ 成為警察。

A. 空想
B. 設想
C. 夢想
D. 幻想

33. 隨着人工智能 (AI) 日漸普及，在人機合作共創未來的同時，用家也應警惕「機器無情」，保持謹慎，掌握使用 AI 科技的應用邊界，守護人類的尊嚴和價值。唯有如此，才能實現兩者和諧共處，_____ 人類。

A. 造福
B. 保護
C. 享受
D. 警惕

34. 萬聖節是一個有趣的節日，人們都換上奇裝異服，化身鬼馬精靈 ＿＿＿＿＿＿＿＿。夜幕降臨，鬼火閃爍，猶如神秘無限之夜，讓我們一起在這一晚放飛想像，盡情享受這個充滿魔幻的節日。

A. 盡情慶祝
B. 盡興狂歡
C. 扮鬼扮馬
D. 方便玩樂

35. 剛畢業正要投身社會的年輕人，應為自己設定明確的目標，考慮自己的興趣、想要實現的職業或個人目標，並制定可行的 ＿＿＿＿＿＿＿＿ 來實現它們。

A. 步驟
B. 行動
C. 計劃
D. 路線

36. 後悔是人性珍貴的特質。我們跟機器或電腦不同，會犯錯，會做出錯誤的選擇。後悔 ＿＿＿＿＿＿＿＿，而是一個成長的機會，讓人通過反省，修正自己的錯誤，改善行為，成為更好的人。後悔可以使人變得謙遜和謹慎，提醒我們在未來的日子更明智地作出選擇，避免重蹈覆轍。當你面對後悔的情緒，好好珍惜，將它化作成長的動力，讓人生的每一步都更有意義。

A. 不應該被害怕
B. 不是一種消極的情緒
C. 既是一種正面的能量
D. 是所有人都有經驗的

37. 有時候好人也會遭遇不幸。人類無法完全掌控命運之輪，壞人遇上壞的事情，是因果，但好人也會遇上壞事。然而，正正是在這些困境中，好人更能展現出堅韌的品質和勇氣，以積極的心態面對挑戰，塑造了其品格 —— ＿＿＿＿＿＿＿＿ 更能分辨出他們不同的特性。萬一不幸降臨，請努力在黑暗中閃耀光芒吧。

A. 好人和壞人在面對不幸時的反應
B. 以積極的心態面對挑戰
C. 不同的人的不同反應
D. 所有人

38. 藝術管理是一個充滿創意和挑戰的行業，涵蓋了藝術組織、文化機構和藝術活動的策劃、運營和推廣等多元範疇。藝術管理者需要具備卓越的組織和領導能力，同時對藝術和文化具有深刻的理解和熱情，致力於推動藝術發展，支援藝術家的創作，以及為公眾提供豐富多樣的藝術體驗。藝術管理者的工作不僅是管理，＿＿＿＿＿＿＿ —— 為藝術賦予了商業的智慧，同時也保護了藝術的純粹性和創造力。

A. 更是現代藝術的推動者
B. 更是將藝術推向商業的重要角色
C. 更是在藝術家的代理人
D. 更是在藝術與商業之間找到平衡點

39. 玩具設計對兒童的教育和發展有着重要的影響 —— 優秀的玩具設計能夠激發兒童的想像力和創造力。通過提供開放性的玩耍方式和多樣化的元素，可以鼓勵兒童自由發揮，構建故事情節和角色，培養 ＿＿＿＿＿＿＿。而拼貼、堆疊等玩具要求兒童手眼協調和精細的運動技能，對他們日後的書寫、繪畫和其他操作技能都有積極的影響。

A. 創造的能力

B. 創造性思維

C. 創造力量同幻想

D. 兒童的想像力和創造力

40. 2020 年是一個充滿挑戰的年份。全球面對新冠疫情肆虐，人們被迫採取社交距離和其他防護措施，＿＿＿＿＿＿＿＿。然而，2020 年也見證了人類的堅韌和團結，全球各地的人們展示出互助和支持的精神。雖然困難重重，但這一年使我們認識到人類的脆弱性，也讓我們更加珍惜生活和相互關懷。

A. 生活停擺了足足三年的時間

B. 我們足不出戶拯救世界

C. 生活方式因而發生巨大的改變

D. 這種日子充滿不安和未知

41. 選出下列句子的正確排列次序。

❶ 喝水可以照顧到身體各個器官

❷ 體內廢棄物才能透過尿液順利排出

❸ 人的體重有超過 60% 是水分

❹ 只要攝取足夠的水分

❺ 身體才能保持健康

A. ❶❹❸❷❺

B. ❸❶❹❷❺

C. ❺❸❷❹❶

D. ❺❸❶❷❹

42. 選出下列句子的正確排列次序。

❶ 那年的維多利亞港煙雨迷濛,路上的人戴着口罩看不清樣貌
❷ 電視上的發言人又重複呼籲大家留在家中,到底還要留在家中多長時間
❸ 時光荏苒,雲飄霧散,和煦的陽光終將再次落在這片土地上
❹ 學校的操場上竟然聽不到孩子的喧嘩聲,老師們雙眼茫然像看不到學生的未來
❺ 那邊的電視又再傳來今日的疫情速遞,孩子們原來都留在家中

A. ❶❺❹❷❸
B. ❹❷❶❺❸
C. ❶❸❷❹❺
D. ❶❹❺❷❸

43. 選出下列句子的正確排列次序。

❶ 聘用條款和薪酬調整機制亦有所不同
❷ 常見的非公務員合約僱員類型如應付有時限或屬季節性的運作及服務需求
❸ 如康樂及文化事務署在夏天聘請的季節性救生員、各區民政事務處臨時聘請的避寒或避暑中心助理
❹ 他們的聘用目的和情況各異
❺ 公務員和合約僱員的聘用是兩種截然不同的聘任形式

A. ❺❹❶❷❸
B. ❺❹❷❸❶
C. ❷❹❺❶❸
D. ❷❸❺❶❹

44. 選出下列句子的正確排列次序。

❶ 他們沒有自己的理財計劃，更沒有還款能力

❷ 一群沒有理財觀念的人因虛榮而借了這一筆金額，到了還款期卻未能償還

❸ 以財務公司所謂的低利息借款，而借得的金錢不是被拿去購物就是被用來償還信用卡欠款

❹ 財務公司以「低息借貸」等標語作招徠的廣告隨處可見，吸引沒有理財觀念的人

❺ 於是，他們被逼再向財務公司借錢以繳付上一筆借貸，最終只留下永遠都還不清的債務

A. ❶❺❷❹❸
B. ❹❸❷❶❺
C. ❹❸❺❷❶
D. ❹❷❶❸❺

45. 選出下列句子的正確排列次序。

❶ 承載垃圾的土地要求亦可能減少，其可節省的土地費用無法估算

❷ 本會重申支持修例的立場

❸ 本地固體垃圾量減少，長遠可以減少政府的廢物處理開支

❹ 修例禁制即棄塑膠餐具長遠而言可減少政府負擔

❺ 因此而節省的相關開支除了收集垃圾所導致的清潔人員費用或垃圾站開支

A. ❸❺❶❹❷
B. ❹❸❺❶❷
C. ❶❸❹❺❷
D. ❹❶❷❸❺

模擬考卷三　答案

[題目]

1.	A	16.	A	愍（潛）能； 嚴蜜（密）； 留（流）芳	31.	D
2.	A	17.	C	環景（境）； 順（信）口； 拘（均）要	32.	C
3.	C	18.	A	績（積）極； 按步（部）； 其事（是）	33.	A
4.	D	19.	C	樂→乐	34.	B
5.	C	20.	C	雜→杂	35.	C
6.	B	21.	A	團→团	36.	B
7.	C	22.	D	「肆」並無 簡化字	37.	A
8.	C	23.	C	「運作」不能 用作賓語	38.	D
9.	A	24.	C	欠缺主語	39.	B
10.	B	25.	B	「上行下效」 含貶義，應 配合負面字 詞使用	40.	C
11.	B	26.	D		41.	B
12.	C	27.	A		42.	D
13.	A	28.	C		43.	A
14.	D	29.	B		44.	B
15.	C	感概（慨）； 頂（鼎）足； 祭巳（祀）	30.	C		45.	B

公務員職位所需 CRE 成績

以下是職系及入職職級名單及所需綜合招聘考試成績（資料截至 2024 年 7 月），考生可選擇應考未取得所需成績的一張或任何組合的試卷，以取得個別公務員職位的所需成績。如考生要申請的職位要求在能力傾向測試中取得及格成績，就要提早預備了。

職系 Grade	入職職級 Entry Rank(s)	英文運用	中文運用	能力傾向測試
會計主任 Accounting Officer	二級會計主任 Accounting Officer II	二級	一級	及格
政務主任 Administrative Officer		二級	二級	及格
農業主任 Agricultural Officer	助理農業主任 / 農業主任 Assistant Agricultural Officer / Agricultural Officer	一級	一級	及格
系統分析 / 程序編製主任 Analyst/ Programmer	二級系統分析 / 程序編製主任 Analyst / Programmer II	二級	一級	及格
建築師 Architect	助理建築師 / 建築師 Assistant Architect / Architect	一級	一級	及格

CRE 中文運用測試實戰攻略

政府檔案處主任 Archivist	政府檔案處 助理主任 Assistant Archivist	二級	二級	N/A
評稅主任 Assessor	助理評稅主任 Assistant Assessor	二級	二級	及格
審計師 Auditor	審計師 Auditor	二級	二級	及格
屋宇裝備工程師 Building Services Engineer	助理屋宇裝備 工程師 / 屋宇裝備工 程師 Assistant Building Services Engineer / Building Services Engineer	一級	一級	及格
屋宇測量師 Building Surveyor	助理屋宇測量師 / 屋宇測量師 Assistant Building Surveyor / Building Surveyor	一級	一級	及格
製圖師 Cartographer	助理製圖師 / 製圖師 Assistant Cartographer / Cartographer	一級	一級	N/A
化驗師 Chemist		一級	一級	及格
臨床心理學家 Clinical Psychologist (衞生署、入境事務處)		一級	一級	N/A
臨床心理學家 Clinical Psychologist (社會福利署)		二級	一級	及格

臨床心理學家 Clinical Psychologist (懲教署、消防處、香港警務處)		二級	一級	N/A
法庭傳譯主任 Court Interpreter	法庭二級傳譯主任 Court Interpreter II	二級	二級	及格
館長 Curator	二級助理館長 Assistant Curator II	二級	一級	N/A
牙科醫生 Dental Officer		一級	一級	N/A
營養科主任 Dietitian		一級	一級	N/A
經濟主任 Economist		二級	二級	N/A
教育主任 Education Officer (懲教署)	助理教育主任 Assistant Education Officer (懲教署)	一級	一級	N/A
教育主任 Education Officer (教育局、 社會福利署)	助理教育主任 Assistant Education Officer (教育局、 社會福利署)	二級	二級	N/A
教育主任（行政） Education Officer (Administration)	助理教育主任 (行政) Assistant Education Officer (Administration)	二級	二級	N/A

機電工程師 Electrical and Mechanical Engineer （機電工程署）	助理機電工程師／ 機電工程師 Assistant Electrical and Mechanical Engineer / Electrical and Mechanical Engineer （機電工程署）	一級	一級	及格
機電工程師 Electrical and Mechanical Engineer （創新科技署）	助理機電工程師／ 機電工程師 Assistant Electrical and Mechanical Engineer / Electrical and Mechanical Engineer （創新科技署）	一級	一級	N/A
電機工程師 Electrical Engineer （水務署）	助理機電工程師／ 機電工程師 Assistant Electrical Engineer / Electrical Engineer （水務署）	一級	一級	及格
電子工程師 Electronics Engineer （民航署、 機電工程署）	助理電子工程師／ 電子工程師 Assistant Electronics Engineer / Electronics Engineer （民航署、 機電工程署）	一級	一級	及格

電子工程師 Electronics Engineer (創新科技署)	助理電子工程師 / 電子工程師 Assistant Electronics Engineer / Electronics Engineer (創新科技署)	一級	一級	N/A
工程師 Engineer	助理工程師 / 工程師 Assistant Engineer / Engineer	一級	一級	及格
娛樂事務管理主任 Entertainment Standards Control Officer		二級	二級	及格
環境保護主任 Environmental Protection Officer	助理環境保護主任 / 環境保護主任 Assistant Environmental Protection Officer / Environmental Protection Officer	二級	二級	及格
產業測量師 Estate Surveyor	助理產業測量師 / 產業測量師 Assistant Estate Surveyor / Estate Surveyor	一級	一級	N/A
審查主任 Examiner		二級	二級	及格
行政主任 Executive Officer	二級行政主任 Executive Officer II	二級	二級	及格
學術主任 Experimental Officer		一級	一級	N/A

漁業主任 Fisheries Officer	助理漁業主任 / 漁業主任 Assistant Fisheries Officer / Fisheries Officer	一級	一級	及格
警察福利主任 Force Welfare Officer	警察助理福利主任 Assistant Force Welfare Officer	二級	二級	N/A
林務主任 Forestry Officer	助理林務主任 / 林務主任 Assistant Forestry Officer / Forestry Officer	一級	一級	及格
土力工程師 Geotechnical Engineer	助理土力工程師 / 土力工程師 Assistant Geotechnical Engineer / Geotechnical Engineer	一級	一級	及格
政府律師 Government Counsel		二級	一級	N/A
政府車輛事務經理 Government Transport Manager		一級	一級	N/A
院務主任 Hospital Administrator	二級院務主任 Hospital Administrator II	二級	二級	及格
新聞主任（美術 設計）/（攝影） Information Officer (Design) / (Photo)	助理新聞主任 （美術設計）/（攝影） Assistant Information Officer (Design) / (Photo)	一級	一級	N/A

新聞主任（一般工作） Information Officer (General)	助理新聞主任 （一般工作） Assistant Information Officer (General)	二級	二級	及格
破產管理主任 Insolvency Officer	二級破產管理主任 Insolvency Officer II	二級	二級	及格
督學（學位） Inspector (Graduate)	助理督學（學位） Assistant Inspector (Graduate)	二級	二級	N/A
知識產權審查主任 Intellectual Property Examiner	二級知識產權審查主任 Intellectual Property Examiner II	二級	二級	及格
投資促進主任 Investment Promotion Project Officer		二級	二級	N/A
勞工事務主任 Labour Officer	二級助理勞工事務主任 Assistant Labour Officer II	二級	二級	及格
土地測量師 Land Surveyor	助理土地測量師 / 土地測量師 Assistant Land Surveyor / Land Surveyor	一級	一級	N/A
園境師 Landscape Architect	助理園境師 / 園境師 Assistant Landscape Architect / Landscape Architect	一級	一級	及格
法律翻譯主任 Law Translation Officer		二級	二級	N/A

法律援助律師 Legal Aid Counsel		二級	一級	及格
圖書館館長 Librarian	圖書館助理館長 Assistant Librarian	二級	一級	及格
屋宇保養測量師 Maintenance Surveyor	助理屋宇保養測量師 / 屋宇保養測量師 Assistant Maintenance Surveyor / Maintenance Surveyor	一級	一級	及格
管理參議主任 Management Services Officer	二級管理參議主任 Management Services Officer II	二級	二級	及格
文化工作經理 Manager, Cultural Services	文化工作副經理 Assistant Manager, Cultural Services	二級	一級	及格
機械工程師 Mechanical Engineer	助理機械工程師 / 機械工程師 Assistant Mechanical Engineer / Mechanical Engineer	一級	一級	及格
醫生 Medical and Health Officer		一級	一級	N/A

職業環境衛生師 Occupational Hygienist	助理職業環境衛生師／職業環境衛生師 Assistant Occupational Hygienist / Occupational Hygienist	二級	一級	及格
法定語文主任 Official Languages Officer	二級法定語文主任 Official Languages Officer II	二級	二級	N/A
民航事務主任（民航行政管理） Operations Officer (Aviation Administration)	助理民航事務主任（民航行政管理）／民航事務主任（民航行政管理） Assistant Operations Officer (Aviation Administration) / Operations Officer (Aviation Administration)	二級	一級	及格
防治蟲鼠主任 Pest Control Officer	助理防治蟲鼠主任／防治蟲鼠主任 Assistant Pest Control Officer / Pest Control Officer	一級	一級	及格
藥劑師 Pharmacist		一級	一級	N/A
物理學家 Physicist		一級	一級	及格

規劃師 Planning Officer	助理規劃師 / 規劃師 Assistant Planning Officer / Planning Officer	二級	二級	及格
小學學位教師 Primary School Master / Mistress	助理小學學位教師 Assistant Primary School Master / Mistress	二級	二級	N/A
工料測量師 Quantity Surveyor	助理工料測量師 / 工料測量師 Assistant Quantity Surveyor / Quantity Surveyor	一級	一級	及格
規管事務經理 Regulatory Affairs Manager		一級	一級	N/A
科學主任 Scientific Officer		一級	一級	N/A
科學主任（醫務） Scientific Officer (Medical) （衛生署）		一級	一級	N/A
科學主任（醫務） Scientific Officer (Medical) （漁農自然護理署、食物環境衛生署）		一級	一級	及格
管理值班工程師 Shift Charge Engineer		一級	一級	N/A
船舶安全主任 Shipping Safety Officer		一級	一級	N/A
即時傳譯主任 Simultaneous Interpreter		二級	二級	N/A

附錄

社會工作主任 Social Work Officer	助理社會工作主任 Assistant Social Work Officer	二級	二級	及格
律師 Solicitor		二級	一級	N/A
專責教育主任 Specialist (Education Services)	二級專責教育主任 / 一級專責教育主任 Specialist (Education Services) II/Specialist (Education Services)I	二級	二級	N/A
言語治療主任（衞生署、教育局） Speech Therapist（Department of Health, Education Bureau)		二級	二級	N/A
統計師 Statistician		二級	二級	及格
結構工程師 Structural Engineer	助理結構工程師 / 結構工程師 Assistant Structural Engineer / Structural Engineer	一級	一級	及格
電訊工程師 Telecommunications Engineer （香港警務處、通訊事務管理局辦公室、香港電台）	助理電訊工程師 / 電訊工程師 Assistant Telecommunications Engineer / Telecommunications Engineer （香港警務處、通訊事務管理局辦公室、香港電台）	一級	一級	N/A

電訊工程師 Telecommunications Engineer （消防處）	高級電訊工程師 Senior Telecommunications Engineer （消防處）	一級	一級	N/A
城市規劃師 Town Planner	助理城市規劃師 / 城市規劃師 Assistant Town Planner / Town Planner	二級	二級	及格
貿易主任 Trade Officer	二級助理貿易主任 Assistant Trade Officer II	二級	二級	及格
訓練主任 Training Officer	二級訓練主任 Training Officer II	二級	二級	及格
運輸主任 Transport Officer	二級運輸主任 Transport Officer II	二級	二級	及格
庫務會計師 Treasury Accountant		二級	一級	及格
物業估價測量師 Valuation Surveyor	助理物業估價測量師 / 物業估價測量師 Assistant Valuation Surveyor / Valuation Surveyor	一級	一級	及格
水務化驗師 Waterworks Chemist		一級	一級	及格

資料來源：公務員事務局網頁

EO Classroom 著

責任編輯	梁嘉俊
裝幀設計	黃梓茵
封面設計	Sands Design Workshop
排　　版	時　潔
印　　務	劉漢舉

出　　版

非凡出版

香港北角英皇道 499 號北角工業大廈一樓 B

電話：（852）2137 2338

傳真：（852）2713 8202

電子郵件：info@chunghwabook.com.hk

網址：http://www.chunghwabook.com.hk

發　　行

香港聯合書刊物流有限公司

香港新界荃灣德士古道 220–248 號荃灣工業中心 16 樓

電話：（852）2150 2100

傳真：（852）2407 3062

電子郵件：info@suplogistics.com.hk

印　　刷

美雅印刷製本有限公司

香港觀塘榮業街六號海濱工業大廈四樓 A 室

版　　次

2024 年 9 月第二版

©2024 非凡出版

規　　格

16 開（210mm x 150mm）

ISBN

978–988–8860–75–3